エネルギー管理士試験講座
試験講座

編 一般財団法人省エネルギーセンター

燃料と燃焼

熱分野 **III**

一般財団法人 省エネルギーセンター

はしがき

　国家資格であるエネルギー管理士の資格取得の方法には，例年，夏季に実施される「国家試験」（受験資格を問わない）に合格するか，冬季に実施される1週間の認定研修（集中講義を受けたあと「研修修了試験」がある）に合格するか，の2つがある（研修では実務経験3年の受講資格が必要）。

　2005年8月，「省エネルギー法」が改正され，熱と電気の総合管理がうたわれたことにより，これまでの試験制度が変更されることになった。従来「熱管理士」と「電気管理士」に分かれていた試験課目が，試験課目Ⅰに限って，共通の試験内容に変わった。そのほかの課目については基本的に今までと同じ内容だが，この課目Ⅰの変更については「研修修了試験」も同様に適用される。また，「国家試験」・「研修修了試験」に合格し免状を取得した場合，熱と電気の区別はなくなった。

　エネルギー管理士の資格取得は，国家資格試験のなかでも難関の1つといわれている。しかし，この試験は，合格者数の枠がある大学入試などとは異なり「適格性」を判断するもので，国が認める一定の水準に達していれば合格できる。

　過去の試験制度の変更について振り返ると，1999年4月，改正「省エネルギー法」の施行に伴い，エネルギー管理士試験も受験しやすいように変更された。夏季の「国家試験」では，試験日が2日間から1日だけになり（試験課目が6課目から4課目に変更），課目別の合格（3年間の合格課目試験免除）が認められるようになった。また，冬季の「研修修了試験」においても同様に6課目から4課目に変更され，受講資格が一部緩和された。

　『エネルギー管理士試験講座［熱分野］』（全4巻）は，こうした制度の変更に対応して，エネルギー管理士試験の受験者が学習しやすいように企画編集したものである。

『エネルギー管理士試験講座［熱分野］』の構成は，試験課目に対応して学習できるように，Ⅰ巻「エネルギー総合管理及び法規」，Ⅱ巻「熱と流体の流れの基礎」，Ⅲ巻「燃料と燃焼」，Ⅳ巻「熱利用設備及びその管理」となっている*。また，本講座の内容としては，エネルギー管理士試験の目的が「現場のエネルギー管理技術を担うに足る知識を有しているかどうか判定する」ところにあり，そうした目的にかなう必要事項をできるだけ平易に解説することを目指した。したがって，本講座は受験のための参考書という役割ばかりでなく，エネルギー管理に関わる実際業務において直面する技術的問題に対して，それらを解決するための有効な手段（技術書）としての役割を担うものと考えている。

　本講座の編集にあたっては，試験に出題される内容とそのレベル，これまでの傾向などを十分に分析したうえでとりまとめた。また，本文の理解を助けるために例題を設け，エネルギー管理士として修得しておくべきポイントや試験の難易度がわかるよう章の末尾に演習問題を設けてある。

　このたびの改訂にあたっては，これまでの編集方針を踏襲し，主に演習問題について，近年の内容を反映して改めている。

　最後に，本講座で学習された読者のみなさんが，一人でも多くエネルギー管理士の資格を取得されることを祈念してやまない。

2020年4月

一般財団法人 省エネルギーセンター

エネルギー管理士試験講座 ［熱分野］
［執筆者一覧］

【Ⅰ巻 エネルギー総合管理及び法規】

臼井千雄 　　　　　　　　元，㈶省エネルギーセンター　調査第一部部長

加藤 寧 　　　　　　　　前，㈱日立製作所電力事業本部　主管技師長

宮本康弘 　　　　　　　　前，省エネルギーセンター　専門員

山崎定徳 　　　　　　　　前，省エネルギーセンター　専門員

【Ⅱ巻 熱と流体の流れの基礎】

高村淑彦 　　　　　　　　東京電機大学　名誉教授
（1編，2編担当）

山崎正和 　　　　　　　　独立行政法人　産業技術総合研究所
（3編担当） 　　　　　　名誉リサーチャー　元理事

【Ⅲ巻 燃料と燃焼】

大屋正明 　　　　　　　　独立行政法人　産業技術総合研究所
（1編担当） 　　　　　　特別研究員

山崎正和 　　　　　　　　独立行政法人　産業技術総合研究所
（2編担当） 　　　　　　名誉リサーチャー　元理事

【Ⅳ巻 熱利用設備及びその管理】

松山 裕 　　　　　　　　松山技術コンサルタント事務所　所長
（1編担当）

谷口 博 　　　　　　　　北海道大学　名誉教授
（2編1章担当） 　　　　中国浙江大学　名誉教授

高田秋一 　　　　　　　　前，㈱荏原製作所　技術顧問
（2編2章担当）

村上弘二 　　　　　　　　元，中外炉工業㈱　技師長
（2編3章担当）

内海義隆 　　　　　　　　元，山九プラントテクノ㈱　顧問
（2編4章担当） 　　　　（元，三菱化学㈱四日市事業所　設備技術部長）

エネルギー管理士試験講座［熱分野］
［Ⅲ巻］

1編　燃料及び燃焼管理

2編　燃焼計算

1編　燃料及び燃焼管理

1章
各種燃料

1.1 燃料総論

　燃料は空気あるいは酸素の存在のもとで容易に燃焼し，その燃焼によって発生する燃焼熱を経済的に利用できる物質をいう。したがって，燃料として使用するためには生産量が多く，供給が容易で，貯蔵運搬および取扱いが容易でなければならない。また，燃焼排出物（排ガス，灰など）が大気，水質などの環境を汚染しないことも重要である。

　燃料はその状態によって気体燃料，液体燃料および固体燃料に大別される。それらの一般的な性状および用途をそれぞれ**表 1.1 ～ 1.3** に示す。

1.2 気体燃料

1.2.1 気体燃料の特徴

　気体燃料は常温・常圧下で気体状態にある燃料であり，天然に産出される天然ガスと，ほかの固体・液体燃料の分解によって製造される製造ガスに分類される。その特徴は次のようである。

（長　所）

①固体，液体燃料に比べて過剰空気が少なくても完全燃焼しやすく，安定した燃焼ができる。燃焼効率も高い。

②燃焼用空気だけでなく燃料自体を予熱できるから，比較的低発熱量の燃料

表1.1 気体燃料の一般性状

気体燃料			CO₂	CₘHₙ	O₂	CO	H₂	CₙH₂ₙ₊₂	N₂	高発熱量 [MJ/m³N]	主用途
石油系	油分解ガス	熱分解ガス*1)	4.3	30.6	1.2	5.9	17.8	34.5	5.7	39.7	都市ガス用
		接触分解ガス*1)	8.9	7.1	0.2	14.6	56.2	12.0	1.0	19.3	同上
	高温水蒸気改質ガス*2)		10.5	0.1	こん跡	21.0	66.3	1.3	0.8	11.5	原料ガス用、都市ガス用
	低温水蒸気改質ガス*2)		21.7	—	—	1.5	21.6	55.2	—	24.9	都市ガス用
	天然ガス	乾性	3.4	—	0.1	—	—	94.6	1.9	37.7	化学工業原料用、都市ガス用、発電用
		湿性	0.7	6.3	—	—	—	99.3	—	51.1	同上
	液化石油ガス（2種4号）		—	—	—	—	—	93.7	—	132.8	工業用、都市ガス用
	同上（1種2号）		—	20.6	—	—	—	79.4	—	107.2	家庭用
石炭系	石炭ガス（コークス炉ガス）		2.5	3.0	0.7	9.9	52.1	27.3	4.5	20.9	都市ガス用、窯炉用
	高炉ガス		17.7	—	—	23.9	2.9	—	55.5	3.7	窯炉用、ボイラ用

*1) 原料油 南方原油、サイクリック方式
*2) 原料油 ナフサ、加圧、接触、連続方式

表1.2　液体燃料の一般性状

液体燃料	主 成 分	沸点範囲〔℃〕	高発熱量〔MJ/kg〕	主 な 用 途
揮 発 油	C, H	30〜210	46〜48	ガソリンエンジン用
灯 油	C, H	160〜300	46〜48	農業用小型エンジン，家庭用
軽 油	C, H	160〜360	44〜46	小型ディーゼル用
重 油	C, H (O, S)	250〜360	42〜46	ボイラ用，工業炉用，大型ディーゼル用

表1.3　固体燃料の一般性状

固体燃料	主 成 分	高発熱量〔MJ/kg〕	主 な 用 途
石 炭	C, H, O (N, S)	19〜31	ボイラ用，原料用，一般用，工業用
亜 炭	C, H, O (N, S)	13〜19	ボイラ用，一般用
木 炭	C (H, O)	28〜31	一般用
コークス	C (H, O, S)	25〜29	製鉄用，工業用
練 炭	C, H, O (N, S)	21〜31	一般用
薪	C, H, O	13〜17	一般用

でも高温を得ることができる。

③燃焼量の調節はガス用調節バルブによって簡便に操作できるため，点火および消火が容易であり，かつ燃料と空気の混合割合も任意に調節できる。さらに自動制御，集中加熱，均一加熱のような温度制御または炉内雰囲気調節も比較的しやすい。

④燃料中に灰分が含まれない。

⑤硫黄分は非常に少ないため，二酸化硫黄による大気汚染はない。

（短　所）

①単位熱量当たりの容積が大きくなるため，輸送するのに不便である。

②貯蔵するにはガスタンクなどの設備費がかかる。

③燃料費は液体燃料に比べて高い。

④漏えいによる爆発の危険をともなうため，安全管理に万全な注意を要する。

1.2.2　気体燃料の性状

気体燃料を構成している主な成分とその性状を**表1.4**に示す。

燃料中に含まれるこれら成分の混合割合がわかれば，その気体燃料のおおよ

表 1.4 気体燃料の成分と性状

成　　　　分	分　子　式	高発熱量 〔MJ/m^3_N〕	比　　重 （空気＝1）	密　　度 〔kg/m^3_N〕
メ　　タ　　ン	CH_4	39.9[1]	0.554[2]	0.716 8
エ　　タ　　ン	C_2H_6	70.5[1]	1.049[2]	1.356
プ　ロ　パ　ン	C_3H_8	101 [1]	1.550[2]	2.004
ブ　　タ　　ン	$n\text{-}C_4H_{10}$	132 [1]	2.067[2]	2.672
イ ソ ブ タ ン	$i\text{-}C_4H_{10}$	133 [1]	2.074[2]	2.682
エ　チ　レ　ン	C_2H_4	63.4[3]	0.975 0[3]	1.260 4
プ ロ ピ レ ン	C_3H_6	93.6[3]	1.481[3]	1.937 0
ブ　チ　レ　ン	$n\text{-}C_4H_8$	125 [3]	1.937[5]	2.558
イ ソ ブ チ レ ン	$i\text{-}C_4H_8$	123 [4]		
一 酸 化 炭 素	CO	12.6[4]	0.966 9[3]	1.250 0
二 酸 化 炭 素	CO_2	―	1.529 1[3]	1.976 9
水　　　　素	H_2	12.8[3]	0.069 5[3]	0.089 9
酸　　　　素	O_2	―	1.105 3	1.429 0
窒　　　　素	N_2	―	0.967 3[3]	1.250 5

*1) JIS M 8012 　*2) JIS M 8013 　*3) Koppers Handbuch der Brennstoff-technik
*4) DIN 51850 　*5) I.G.U.

その比重，発熱量，燃焼性，爆発限界などの物性値を推定することができる。

1.2.3 天然ガス

　通常，天然に産出する可燃性ガスで，炭化水素を主成分とするガスを指し，石油に随伴して産出する油田ガスと石油をともなわないガス田ガスなどがある。また，性状から乾性ガスと湿性ガスに大別されるが，前者は大部分がCH_4で，後者はCH_4，C_2H_6のほかにC_3H_8以上の高級炭化水素を数%含んでいる。性状は，発熱量が大きく（36〜48MJ/m^3_N），燃焼が容易であり，かつ燃焼排ガスによる大気汚染の発生は各種燃料のうちでもっとも少ない。

　輸送は，陸上では気体のままパイプラインで輸送されるが，海上輸送では冷凍タンカーにより液化輸送され，液状のまま地上または地下タンクで貯蔵される。天然ガスを冷媒を用いて常圧，－162℃に冷却，液化したものを液化天然ガス（LNG，Liquefied Natural Gas）とよんでいる。

　従来，液化輸送は原油の輸送に比べコスト的に引き合わないものとされていたが，最近は公害規制強化，技術上の進歩とともに，石油依存度を低下するため，わが国をはじめ欧米諸国では天然ガスの利用を拡大している。

1.2.4　液化石油ガス（LPG または LP ガス）

　液化石油ガスとは常温・常圧では気体であるが，加圧または冷却により容易に液化する石油系炭化水素のことであり，通常プロパン，ブタンなどC_3，C_4，炭化水素の混合物である。一般に LPG（Liquefied Petroleum Gas）あるいは LP ガスと略称されている。油田から天然に産出するものと，原油精製過程で副生するものとがある。

　LPG は高い発熱量，清浄，移動の簡便性，燃焼調整の容易さなどの特徴を有しており，家庭用，工業用燃料として広く使用されている。

　LPG は JIS 規格によって，**表1.5** に示すように分類されている。

1.2.5　都市ガス

　都市ガスとはパイプラインを通して家庭用，商業用，工業用などの需要者に供給される燃料であって，その製造者には公益事業としてのさまざまな保護と規制が行われている。かつては石炭ガスを中心とした石炭系ガスが主体であったが，現在では天然ガスが都市ガスの原料別構成の多くを占めるようになってきた。都市ガスは，天然ガス，液化石油ガス，固体燃料分解ガス，油分解ガス，高炉ガスなどを単独または混合してそれぞれ所定の熱量で供給される。

　都市ガスは清浄さ，燃焼効率の高さ，燃焼調整の容易さ，常時安定供給可能など燃料として理想的特徴を有しているが，使用する原料，設備によってそれぞれ異なったガスを供給しているので，これに合った燃焼器具を使用する必要がある。

　代表的な都市ガスとしては 13A が用いられており，$1m^3$ 当たりの熱量は 46MJ（11 000kcal）程度である。ただし，都市ガス会社により多少のバラツキがあるので，詳細は各都市ガス会社に確認する必要がある。13A の代表的な組成の例は，メタン 88%，エタン 5.8%，プロパン 4.5%，ブタン 1.7%である。（注：13A の 13 はウォッベ指数に対応し，A は燃焼速度が遅いクラスを意味する。ウォッベ指数 WI はガスの空気に対する比重 a と単位体積当たりのガスの総熱量 H を用いて，$WI = H\sqrt{a}$ で表され，13A の WI は 52.7 〜 57.8MJ/m^3_N すなわち約 13Mcal/m^3_N である。）

表1.5 液化石油ガスの規格（JIS K 2240-2013）

種類		組成 [mol%]				硫黄分 [質量%]	蒸気圧 (40℃) [MPa]	密度 (15℃) [g/cm³]	銅板腐食 (40℃, 1 h)	主な用途
		エタン+エチレン	プロパン+プロピレン	ブタン+ブチレン	ブタジエン					
1種	1号	5以下	80以上	20以下	0.5以下	0.0050以下	1.53以下	0.500~0.620	1以下	家庭用燃料 業務用燃料
	2号		60以上80未満	40以下						
	3号		60未満	30以上						
2種	1号	—	90以上	10以下	—*1)		1.55以下			工業用燃料 工業用原料 自動車用燃料
	2号		50以上90未満	50以下						
	3号		50未満	50以上90未満			1.25以下			
	4号		10以下	90以上			0.52以下			

*1) 自動車用、工業用（燃料および原料）、そのほかに使用する場合には、ブタジエン含有量は、使用目的に対して支障を与えるものであっては ならない。

備考) ブタン+ブチレンとは、イソブタン、ノルマルブタン、1-ブチレン、イソブチレン、トランス 2-ブチレン およびシス 2-ブチレン の混合物である。また、ブタジエンは、1,3-ブタジエンを示す。

1.2.6　油分解ガス

　炭化系水素を熱分解，部分燃焼，水蒸気改質，水素化分解などの方法により低分子化して得られる燃料ガスを総称して油分解ガスという。原料としては製油所のオフガス，LPG，ナフサ，灯油，重油などが幅広く用いられる。

1.2.7　その他の燃料ガス

　石炭ガス（コークス炉ガス）は，石炭を乾留してコークスを製造する際に副生するガスで，炭化水素，水素，一酸化炭素などからなり，発熱量は $21\,MJ/m^3_N$ 程度である。ボイラ用燃料，都市ガスの原料などとして使用される。

　溶鉱炉ガスは，製鉄操業において炉頂から放出されるガスで，高炉ガス，B ガス（blast furnace gas の略称）とよばれる。一酸化炭素を主な可燃分とするガスで，発熱量は $3.8\,MJ/m^3_N$ 以下である。

　製油所排ガス（オフガス）は，製油所における種々の精製過程から排出されるガスで，その組成は装置の種類，原料油の性状，作業条件などによって異なる。C_3，C_4 などの炭化水素留分が多く含まれる。

1.3　液体燃料

1.3.1　液体燃料の特徴

　液体燃料は常温，常圧下で液状の燃料をいう。現在一般に使用されているのはほとんどが石油系液体燃料である。液体燃料は油田から産出した原油を蒸留，接触改質，分解（接触分解，水素化分解など），アルキル化，精製などの過程を経て，各種の用途に適した石油製品を製造している。液体燃料の一般性状を表 1.2 に示してある。工業用燃料として次のような特徴を有する。
（長　所）
　①固体燃料に比べて発熱量が高い。
　②都市ガスに比べて発熱量当たりの価格が安い。
　③他の燃料に比べて貯蔵，運搬が容易で，貯蔵中の変質が少ない。

④固体燃料に比べて燃焼効率が高い。

⑤石炭に比べて灰分が少ない。

⑥固体燃料に比べて燃焼が容易で，自動制御も容易である。

（短　所）

①燃焼温度が高いため，局部加熱を起こしやすい。

②重質油では高硫黄分のものが多く，大気汚染の原因となりやすい。

　また，燃焼方法を誤ると，ばい煙を発生することがある。

③使用バーナによっては騒音を発生しやすい。

1.3.2　原　油

　地下から産出した天然産の鉱油をいい，産油地や油層によって物理的，化学的性状が異なる。主成分は炭化水素であるが，一般に原油にはパラフィンおよびナフテン炭化水素が多く含有されており，芳香族炭化水素が多く含有されているものもある。オレフィン炭化水素は原油中にはほとんど含まれていない。

　原油中には各系列の炭化水素のほかに硫黄，窒素，酸素および金属化合物を微量に含んでいる。これらの成分は，原油により，また留分により異なっている。原油の元素組成は質量％で，炭素 84〜87，水素 11〜14，硫黄 0.1〜7.5，窒素 0.05〜0.8，酸素 0〜2 の範囲にあり，このほかバナジウム，ニッケルなどの微量の金属が含まれており，重質留分になるほどその含有量は増加する。

　わが国で消費されている原油は，そのほとんどが輸入されている。

1.3.3　ナフサ

　揮発油の沸点範囲の留分を一般にナフサという。アメリカ石油協会（API）の定義によると，蒸留で 175℃以下で 10％以上留出し，240℃以下で 96％以上留出する留分とされる。天然ガスから回収された液状生成物をも含めて精製品，半製品，未精製品のいずれにも適用される。ナフサの性状は，構成する炭化水素の種類によって異なり，その性状によってガス製造用，液化石油ガス用，ガソリン用，ジェット燃料原料用などに使用される（**表 1.6**）。

　ナフサを低硫黄のボイラ用燃料などに使用する際の免税措置として，規定量の重油または原油を添加し，着色したものを変性ナフサという。

表 1.6　ナフサの種類と用途

ナフサの種類	用　　　途
パラフィン系ナフサ	特殊溶剤，エチレン製造用，ジェット燃料用，ガス製造用原料
ナフテン系ナフサ	高オクタン価ガソリン製造用，芳香族化合物製造用原料
芳香族系ナフサ	溶剤，芳香族化合物製造用原料

1.3.4　ガソリン

ナフサと同じ沸点範囲（30〜210℃）の石油製品であるが，組成上内燃機関の燃料として適するように調製されたもので，ナフサとは区別される。

表 1.7　自動車ガソリンの規格性状（JIS K 2202－2012）

種類	オクタン値（リサーチ法）	密度(15℃) g/cm³	10%留出温度 ℃	50%留出温度 ℃	90%留出温度 ℃	終点 ℃	残油量体積分率%	銅板腐食(50℃,3h)	硫黄分 質量分率%	蒸気圧(37.8℃) kPa	実在ガム mg/100ml	酸化安定度 min	ベンゼン 体積分率%	MTBE 体積分率%	エタノール 体積分率%	酸素分 質量分率%	色
号	96.0以上			75以上110以下						44以上78以下 *2)					3以下	1.3以下	
号(E)		0.783以下	70以下	70以上105以下 *1)	180以下	220以下	2.0以下	1以下	0.0010以下	44以上78以下 *2)3)	5以下 *4)	240以上	1以下	7以下	10以下	1.3超3.7以下	オレンジ系色
号	89.0以上			75以上110以下						44以上78以下 *2)					3以下	1.3以下	
号(E)				70以上105以下 *1)						44以上78以下 *2)3)					10以下	1.3超3.7以下	

＊1）エタノールが3％（体積分率）超えで，かつ，冬季用のもの 50％留出温度の下限値は 65℃とする。
　　　エタノールが3％（体積分率）以下のものの 50％留出温度は 75℃以上 110℃以下とする。
＊2）寒候用のものの蒸気圧の上限値は 93kPa とし，夏季用のものの蒸気圧の上限値は 65kPa とする。
＊3）エタノールが3％（体積分率）超えで，かつ，冬季用のものの蒸気圧の下限値は 55kPa，さらにエタノールが3％（体積分率）超えで，かつ，外気温が－10℃以下となる地域に適用するものの蒸気圧の下限値は 60kPa とする。
＊4）ただし，未洗実在ガムは，20mg/100ml 以下とする。

　ガソリンは自動車ガソリン，航空ガソリンおよび工業ガソリンの3種に大別されるが，その消費量の大部分は自動車用である。

　自動車ガソリンに要求される性状には，アンチノック性，揮発性，安定性および清浄性がある。アンチノック性は，オクタン価を尺度として表される。オクタン価測定法にはリサーチ法とモータ法がある。わが国の自動車ガソリンは，オクタン価（リサーチ法）によって1号系統（96.0以上）および2号系統（89.0以上）に区分され，さらに，その系統ごとに酸素分で区分することで，1号及び1号(E)，並びに2号及び2号(E)の4種類に分類されている。自動車ガソリンの規格性状を**表1.7**に示す。

1.3.5　灯　油

　沸点範囲が160～300℃程度の留分で，蒸留においてナフサと軽油の間に留出する。密度0.78～0.80g/cm³，高発熱量46～48MJ/kg程度である。石油ストーブなどの暖・ちゅう房用の燃料，農業用などの小型エンジン（石油発動機）燃料，機械などの洗浄用として使用される。わが国の市販灯油は，一般に白灯油（1号）と茶灯油（2号）の2種類があり，その規格性状を**表1.8**に示す。

表1.8　灯油の規格性状（JIS K 2203-2009）

項目 種類	引 火 点 〔℃〕	蒸留性状 95%留出温度〔℃〕	硫 黄 分 〔質量分率%〕	煙 点 〔mm〕	銅板腐食 〔50℃, 3h〕	色 (セ ー ボルト)
1号	40以上	270以下	0.0080以下*2)	23以上*1)	1以下	+25以上
2号		300以下	0.50以下	—	—	—

*1)　1号の寒候用のものの煙点は21mm以上とする。
*2)　燃料電池用の硫黄分は，0.0010質量分率%以下とする。

　暖・ちゅう房用に使用される灯油は，燃焼ガスをそのまま室内に放出する場合が多いので精製度の高い白灯油が用いられる。したがって，白灯油では煙点，硫黄分，蒸留性状などが重視される。煙点はすすの出にくさを評価する尺度で，値が大きいほどすすは出にくい。また，煙点は組成，沸点範囲などによって異なり，ノルマルパラフィンの煙点がもっとも高く，多環芳香族炭化水素の煙点は低い。燃焼ガスの臭気は硫黄分，アルデヒド，未燃分などに起因するが，近年，灯油は水素化脱硫されているので硫黄分の問題はない。また，灯油

には窒素分はほとんど含有されていない。

　農業用などの小型エンジンに使用される灯油は茶灯油である。茶灯油にはある程度のアンチノック性が要求されるが，煙点は問題にならない。このため，通常オクタン価の高い芳香族炭化水素を多く含む原油から製造される。

1.3.6　軽　油

　沸点範囲が160～360℃程度の留分で，灯油と重油の間に留出する燃料油である。

　軽油の用途は主に自動車用，建設機械用，鉄道用あるいは船舶などの高速ディーゼル機関燃料および漁船の焼玉機関用，農業用小型エンジン用として使用されている。JIS に定められている軽油の規格性状を**表 1.9** に示す。

表 1.9　軽油の規格性状（JIS K 2204-2007）

項目\種類	引火点〔℃〕	蒸留性状90％留出温度〔℃〕	流動点〔℃〕	目詰まり点〔℃〕	10％残油の残留炭素分〔質量％〕	セタン指数*2)	動粘度（30℃）〔mm²/s〕	硫黄分〔質量％〕	密　度（15℃）〔g/cm³〕
特1号	50以上	360以下	＋　5以下	－	0.1以下	50以上	2.7以上	0.001 0以下	0.86以下
1　号			－2.5以下	－　1以下					
2　号		350以下	－7.5以下	－　5以下			2.5以上		
3　号	45以上	330以下*1)	－20以下	－12以下		45以上	2.0以上		
特3号		330以下	－30以下	－19以下			1.7以上		

＊1)　動粘度（30℃）が4.7mm²/s以下の場合は，350℃ 以下とする。
＊2)　セタン指数は，セタン価を用いることもできる。

　高速ディーゼル機関燃料は，着火性がすぐれ，引火点が低すぎず，使用時の粘度が適度で，流動点が低く，硫黄分の少ないことが要求される。着火性の良否はセタン価で評価される。

1.3.7　重　油

　一般に，重油は原油蒸留残油，分解蒸留残油および軽油留分を混合し調製した重質燃料油であり，品質により慣用的にA重油，B重油，C重油に分けられる。JISでは，これらに対応して動粘度を柱として1種，2種および3種の3種類に分類し，さらに1種は硫黄分により1号および2号に細分し，3種は

表 1.10 重油の規格性状 (JIS K 2205-2006)

種類	項目	反応	引火点〔℃〕	動粘度(50℃)〔mm²/s〕〔cSt〕*1)	流動点〔℃〕	残留炭素分〔質量%〕	水分〔容量%〕	灰分〔質量%〕	硫黄分〔質量%〕
1種(A重油)	1号	中性	60以上	20以下	5 以下*2)	4 以下	0.3以下	0.05以下	0.5以下
	2号								2.0以下
2種(B重油)				50以下	10以下*2)	8 以下	0.4以下		3.0以下
3種(C重油)	1号		70以上	250以下	—		0.5以下	0.10以下	3.5以下
	2号			400以下	—		0.6以下		—
	3号			400を超え1 000以下	—		2.0以下		—

*1) 1 mm²/s＝1 cSt
*2) 1種および2種の寒候用のものの流動点は0℃以下とし，1種の暖候用の流動点は10℃以下とする。

動粘度により1号，2号および3号に細分している。この規格を**表 1.10**に示す。重油の種別は国ごとに名称，内容とも異なっているが，分類の基準は粘度となっている。

　用途の面からは，ディーゼル機関に使用されているディーゼル重油と，ボイラ，工業炉その他の熱設備用燃料として使用されるボイラ重油に分けられるが，需要は大半がボイラ重油で，とくに火力発電用は全重油需要量の約30%を占め，窯業，化学，鉄鋼部門がこれに続く。

　重油のうち，残渣油を多く含むものは残留炭素が多く，炉内の汚損，バーナ孔の閉そくを生じるので小型の装置には適さない。また，硫黄分は装置内の腐食および公害対策面から，窒素分，重金属類は公害対策面からとくに問題になる。以下に重油の諸性質について述べる。

（1）密　度

　A重油は $0.83\sim0.88\,\mathrm{g/cm^3}$，B重油は $0.91\sim0.93\,\mathrm{g/cm^3}$，C重油は $0.94\sim0.97\,\mathrm{g/cm^3}$ 程度であり，密度が大きくなるとC/H比（炭素・水素比）が大きくなり，発熱量は低くなる。密度は油種の判定のほか種々の性状の指標として用いられる。また，容積と質量との相互換算を簡便に行うために商取引にも利

用される。

（2）引火点

　主として保安の立場から火気に対する危険性の尺度として意義がある。引火点は油によって大きく異なり，JIS では A，B 重油は 60℃以上，C 重油は 70℃以上と規定されている。

（3）粘　度

　送油および油を噴霧燃焼させる場合の噴霧特性に影響する因子として重要視される。粘度は温度によって変化するので，粘度の高い重油は適度の噴霧性を与えるために加熱して粘度を調整して用いる。

　重油の 50℃における動粘度の値は表 1.10 に示してある。

　一般に，重油を送油する際に要求される粘度は 500～1 000 mm²/s，バーナにおける微粒化の際に要求される粘度は，バーナの種類によって異なるが，概略 15～45 mm²/s である。このため多くの場合，A 重油，B 重油は加熱しないでも使用できるが，C 重油は送油では 20～30℃，噴霧燃焼では 80～90℃に加熱する必要がある。

（4）流動点

　低温における流動性を表す尺度として，とくに冬期あるいは寒冷地で取り扱う場合に重要な性状である。一般に，粘度の低い重油は高いものに比べて流動点は低く，アスファルテンあるいはろう分の多いものほど流動点は高くなる。なお，流動点は経時変化を受けやすいので注意を要する。市販重油の流動点は，A 重油で -20～-5℃，B 重油で -20～-2.5℃，C 重油で -5～47℃程度である。

（5）残留炭素分

　残留炭素分は燃料油を蒸し焼きにした場合の炭素の量を示し，高沸点縮合芳香族炭化水素，レジン質，アスファルテンが含まれることにより増加する。

　バーナノズルにおける炭化物の生成，燃焼ガス中のすすの量，重油をガス化するときのコークス化の程度，およびディーゼル燃料の燃焼室における炭素生成などに大きな影響を与える。

（6）硫黄分

　重油中の硫黄化合物は燃焼により二酸化硫黄または三酸化硫黄となり，排ガ

スの露点以下の温度では燃焼生成物である水と反応して，亜硫酸あるいは硫酸となって低温伝熱面などを腐食する。硫酸による低温腐食はボイラの低温伝熱面の温度を上げることにより防ぐことができる。

　燃焼ガス中の二酸化硫黄は大気中に排出されると，大気汚染の原因となるので，排煙脱硫装置や重油脱硫装置の設置が図られている。

（7）窒素分

　重油中の窒素分は燃焼の際にその一部が窒素酸化物に変換されて大気中に排出される。通常重油中にはA重油で0.01〜0.03%（kg/kg），B，C重油で0.1〜0.4%（kg/kg）の窒素分を含有しているが，硫黄分よりずっと少ない。

　重油の脱窒素は難しいので，排ガス中の窒素酸化物を低減する対策が実施されている。

（8）灰　分

　重油中には少量の金属化合物が含まれており，これらは燃焼後に灰分となる。金属元素としては鉄，ケイ素，アルミニウム，カルシウム，マグネシウム，ナトリウム，ニッケル，バナジウムなどがある。これらは燃焼の際にボイラの伝熱面に堆積し伝熱を阻害する。また，バナジウムは燃焼の際にナトリウムなどと反応して低融点の化合物をつくり，ボイラの加熱管などを腐食する。これを高温腐食あるいはバナジウムアタックという。

（9）発熱量

　石炭と異なり重油は同じ密度であれば，その発熱量はほぼ同一であるが，硫黄分が多いと発熱量は若干低下する。市販重油の高発熱量は42〜46MJ/kg程度である。

1.4　固体燃料

　固体燃料とは固体の状態で使用される燃料であって，植物質およびその変質したものが主体をなしている。主なものには，石炭，亜炭，泥炭，木材などの天然物およびこれらを乾留して製造したコークス，木炭，練炭などのような加工燃料とがある。固体燃料の一般性状を表1.3に示す。

　石炭類およびコークスの燃料としての特徴は次のようである。

（長　所）

①燃焼速度が遅いので，特殊な目的たとえば製鉄用などには優れている。

②貯蔵や運搬に野積みやバラ積ができる。

（短　所）

①乾燥，粉砕などの前処理を必要とする。

②燃焼後多量の灰を残す。

③パイプ輸送ができない。

④燃焼管理が難しい。

1.4.1　石　炭

（1）石炭の分類

　石炭は太古の樹木が，土中で地熱，地圧などによる石炭化作用を受けつつ変化し，生成したものである。したがって，根源植物の種類，堆積環境，石炭化度，地質などによりその性質は異なってくる。その性質を区別するため，以下のような分類がされる。

　天然固体燃料に含まれる炭素，水素および酸素の含有量は木材られき青炭へと変成が進むにつれ炭素分が増加し，酸素分は減少する。その間水素分はほとんど変わらず，無煙炭になって酸素分，水素分とも減じ炭素に近づいて行く。この変成の過程を石炭化作用といい，その進行程度を石炭化度という。

　炭質は石炭化が進むにつれ工業分析値における固定炭素が増加し，揮発分が減少して燃料比（固定炭素／揮発分）が増大する。この関係を**図1.1**に示す。

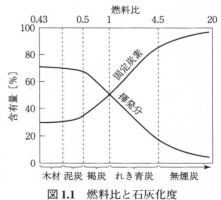

図1.1　燃料比と石灰化度

　この燃料比を尺度にした石炭の分類法（地質調査所法）が長く用いられた。しかし，国内炭は一般に石炭化度が低く，燃料比の小さい値に集中して分類が困難になるため，純炭発熱量（無水，無鉱物の状態に換算した発熱量）を併用

表 1.11　国内炭分類表（JIS M 1002-1978）

分　類		発　熱　量[*1]（補正無水無灰基）〔kcal/kg〕｛〔kJ/kg〕｝	燃　料　比	粘　結　性	備　　考
炭　　質	区分				
無　煙　炭（A）	A₁	—	4.0以上	非　粘　結	火山岩の作用で生じたせん石
	A₂				
れ　き　青　炭（B，C）	B₁	8 400 以上｛35 160 以上｝	1.5以上	強　粘　結	
	B₂		1.5未満		
	C	8 100 以上 8 400未満｛33 910 以上 35 160未満｝	—	粘　　結	
亜れき青炭（D，E）	D	7 800 以上 8 100未満｛32 650 以上 33 910未満｝	—	弱　粘　結	
	E	7 300 以上 7 800未満｛30 560 以上 32 650未満｝	—	非　粘　結	
褐　　　炭（F）	F₁	6 800 以上 7 300未満｛29 470 以上 30 560未満｝		非　粘　結	
	F₂	5 800 以上 6 800未満｛24 280 以上 29 470未満｝			

*1)　発熱量（補正無水無灰基）$= \dfrac{発　熱　量}{100-灰分補正率 \times 灰分 - 水分} \times 100$

ただし，灰分補正率は配炭公団の方式による。（参考文献：昭和24年4月配炭公団技術局編技術資料第2輯及び石炭局編 炭量計算基準解説書）

した分類法がある。その分類法を**表 1.11** に示す。

なお，国内で使用される石炭は現在ではすべて輸入炭であるが，その分類には国内炭の分類表を利用している。

（2）石炭の物理的，化学的性質

石炭の物理的性質には固体膠質的性質（湿潤性，内部表面積，孔げき率），光学的性質（反射率，屈折率，吸収率，紫外〜赤外スペクトル，X線回折），電気的性質（誘電率，電気伝導度），磁気的性質（反磁性磁化率，ESR，NMR），機械的性質（硬度，粉砕性，弾性，可塑性），熱的性質（発熱量，比熱，熱膨張率，熱軟化性）などがあり，いずれも重要な性質である。

密度は石炭の物性，構造を考えるうえで重要な性質である。石炭の真密度はヘリウムを置換物質として測定した値が正しいと考えられている。

石炭の比熱は石炭化度が進むにつれ減少する傾向がある。石炭の発熱量は元素組成から概算でき，石炭の燃焼評価をする際には重要である。

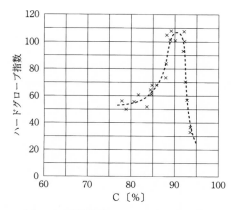

図 1.2　石灰化度とハードグローブ粉
　　　　砕性の関係

　石炭の粉砕性は多くの方法で測定されるがハードグローブ粉砕性とボールミ
ル粉砕性が有名である。これらの方法では粉砕機を用い，試料炭が一定の程度
に達するに要する回転数で測定する。粉砕性は石炭化度と**図 1.2**に示すような
関係がある。なお，ハードグローブ指数は大きい値ほど粉砕しやすいことを表
している。

　石炭の粘結膨張性は石炭を乾留したときコークスを生成する度合をいう。

　回転強度指数 90 以上のコークスを生成する石炭を強粘結炭，回転強度指数
90 未満のコークスを生成する石炭は弱粘結炭，まったく融合せずに原形を残
すものは非粘結炭とよばれる。

　また，石炭を加熱によってコークス化したとき，その処理後と処理前の見か
けの体積の比を膨張率という。膨張率は粘結性と密接な関係があることから，
JIS M 8801 のるつぼ膨張試験から求めた膨張率を，粘結性の指標としている。

　石炭の化学的性質は，工業分析，元素分析によって調べる。

　石炭の工業分析は，水分，灰分，揮発分を定量し，固定炭素を算出するもの
で，これらの値は比較的簡易な方法で求められるので性状を知る方法として広
く用いられている。元素分析では，石炭中の炭素，水素，酸素，窒素，全硫
黄，灰中の硫黄，リンを分析（酸素は算出）し，無水試料基準で示される。

　炭素は石炭の主成分で，純炭分中に 70 ～ 80%（kg/kg）存在する。炭素は
石炭化が進むほど多くなるので，炭素・水素比（C/H 比）は，石炭化度の一

つの指標となる。

水素はれき青炭では純炭分中に5～6%（kg/kg）存在する。

窒素は通常，純炭分中に0.5～1.5%（kg/kg）存在する。燃焼により窒素酸化物に転換するから，公害対策上重視される。

酸素は純炭分中に10～20%（kg/kg）存在するが，石炭化が進むにともなって減少している。

石炭中には0.5～2.0%の硫黄が含まれているが，その存在形態により無機性硫黄と有機性硫黄に分けられる。燃焼の際に無機性硫黄のうちの硫酸塩は大部分灰の中に残るが，一部は硫化物になりさらに二酸化硫黄に変わる。有機性硫黄は全部が燃焼して二酸化硫黄になる。燃焼により二酸化硫黄となって消散する硫黄を燃焼性硫黄，灰の中に残留する硫黄を不燃焼性硫黄といい，両者を合わせて全硫黄という。

1.4.2　亜　炭

亜炭は，石炭分類上では褐炭の一種で，褐炭のうち，外見上黒色のものは通常，石炭として扱い，褐色のものを亜炭とよぶ。

石炭に比べて水分が多く（30～50%（kg/kg）程度），風化を受けやすく，風化によりき裂を生じ，粉化しやすい。発熱量は12.5～16.7MJ/kgで，燃焼温度も低いが，乾燥したものは着火温度が低く，燃焼しやすい。炭産地付近の工場用，家庭用燃料として使用されるほか，低温乾留して亜炭コークスとして使用される。

ヨーロッパ諸国やオーストラリアなどで産出するブラウンコールあるいはリグナイトとよばれるものは，亜炭に相当するもので，水分30～60%（kg/kg），乾燥炭の発熱量は27.1～29.2MJ/kgで，低品位であるが，19世紀後半から広く用いられている。火力発電用，ブリケット用，ガス化用，油化用など，工業燃料として重要な地位を占めている。

1.4.3　コークス

粘結炭を主成分とする原料用炭を，1000℃前後の高温度で乾留して得られるもので，主として製鉄用および鋳物用に使用される。

表1.12　コークスの分析値

項　目 種　類	水　分 〔質量%〕	灰　分 〔質量%〕	揮発分 〔質量%〕	固定炭素 〔質量%〕	硫　黄　分 〔質量%〕	発　熱　量 〔MJ/kg〕
鋳物用コークス	0.2〜0.3	10〜14	1〜3	約85	0.5〜0.7	27.1〜29.2
製鉄用コークス	0.3〜0.6	15〜18	2〜4	80〜85	0.5〜0.6	約27.1
ガスコークス	2〜3	17〜18	3〜6	約75	1.0 以内	26.3〜27.1

　コークスの主成分は炭素で，水分，灰分，揮発分，硫黄，リンなどの少ないものが良質とされる。**表1.12**に各種コークスの分析値を示す。

　製鉄用コークスなどは，その使用条件から強度の大きいことが要求される。製鉄用コークスは回転強度指数90以上，鋳物用コークスは落下強度指数90以上が要求される。

　一般用コークスは，暖・ちゅう房用，農産物の熱風乾燥用などに用いられる。石炭に比べて火力が強く，ばい煙が出ないなどの利点がある。

1.5　新燃料

1.5.1 クリーンな燃料

　今後の地球環境対策を指向した技術として，近年運輸部門において，燃焼させても有害物質の発生が少ない代替新燃料の開発および新燃料を使用したディーゼルエンジンの開発や，水素を燃料とする自動車用燃料電池の開発などが取り組まれている。

　このうち代替新燃料としては，主として天然ガスを原料とするGTLや，ジメチルエーテル（DME），メタノールなどのほか，再生可能エネルギーとして位置付けられているバイオマスを原料としたエタノールなどがある。

　GTLはGas To Liquidsの略で，天然ガスのようなガス燃料などからFT反応（フィッシャートロプシェ反応）と呼ばれる化学反応により合成された液体燃料であり，通常軽油相当の製品が提供されている。GTLは，硫黄分や芳香族成分などをほとんど含まないので，SO_xやすすが発生しにくい燃料であり，セタン価が90前後と軽油に比較しはるかに高いことから，効率向上手段とし

て有力技術とされる低圧縮比エンジンでの排出ガス低減効果などで，ディーゼルエンジン新燃料としての期待が高まっている。

DMEは常温で気体であるが，少し加圧すれば（常温で6気圧以上または常圧で−25℃以下で）液体になり，ガス比重，沸点など物性はプロパンと類似しており，可燃範囲，断熱火炎温度などの燃焼特性はメタンに類似している。セタン価が60前後と軽油より高く，硫黄分や不純物を含まず燃焼時にSO_xやすすを発生しない燃料であるので，ディーゼルエンジン新燃料や工業用LPG代替燃料など広い分野での代替燃料として期待されている。

メタノールは，現状世界で90%程度が天然ガスを原料として製造されている。常温で液体であり，硫黄分，重金属などの不純物を含まず，H/C比が大きいので，燃焼時にSO_xやすすを発生しない燃料である。セタン価は低いので，ディーゼルエンジン燃料には改良を要するが，オクタン価がガソリンより高く，ガソリン代替燃料や火力発電燃料などに将来的に石油代替燃料として期待されている。また，最近では，燃料電池燃料としても期待されている。

エタノールは，主として，バイオマスを原料とし発酵技術などにより製造され，ブラジルなどで自動車燃料として利用されつつある。我が国では，バイオマスが，ライフサイクルの中では大気中のCO_2を増加させない「カーボンニュートラル」という特性を有していることを勘案して，自動車燃料のみならず一般的な燃料としての開発に取り組んでいる。自動車燃料の場合，ガソリンへの一部混入（例えば3%，10%）試験などが取り組まれているが，エンジン部材などの腐食，蒸発ガスの増加，排ガスNO_xの増加などの課題解決を含め，今後の開発，実用化が期待されている。

また，自動車用燃料電池については，家庭用あるいは発電所用などに使われる定置用燃料電池とともに2020年〜2030年頃の本格的普及を目指して短期，中期，長期の開発スケジュールを基に技術開発が取り組まれている。最近では，小型のパソコン用など携帯用燃料電池の開発も取り組まれている。

これらの燃料電池燃料としては，天然ガスを改質した水素や，製鉄プロセスからの副生ガス（コークス炉ガス）などから製造される水素のほか，バイオマスからの水素製造や電気分解による水素製造についても技術開発として取り組まれている。

1.5.2　可燃性廃棄物燃料

　可燃性の廃棄物は，廃棄物処理のために燃焼処理される。その際に余熱を回収し，発電や給湯などに用いることもある。しかし，今後は，可燃性廃棄物を燃料として活用することを考えなければならない。燃料としては，排ガスがクリーンなこと，性状が均一であることが必要である。原料が廃棄物であるため均一性は劣るものの，燃料に適したものが開発されている。例えば，生ゴミ・廃プラスチック，古紙などの可燃性のごみを，粉砕・乾燥したあとに生石灰を混合して，圧縮・固化したものが，ごみ固形燃料 RDF（Refuse Derived Fuel）としてボイラや工業炉，発電設備に使用されている。RDF は乾燥・圧縮・成形されているので，輸送・保管に便利である。とくに古紙と廃プラスチックを成形したものは RPF（Refuse Paper & Plastic Fuel）と呼ばれ，RDFより発熱量も均一性も高くなっており，ボイラ，高炉，発電設備で使用されている。RDF のほうは，貯蔵中にメタンを発生することがあり，安全性に十分留意する必要がある。

　このほか，紙パルプ工業における木材チップの蒸解工程から出る廃液や，自動車の廃タイヤも可燃性廃棄物燃料ということができる。タイヤは 0.5～1.5% 程度の硫黄分を含んでいるが，セメント工業では，セメント原料が脱硫剤になるので，タイヤを燃料とするのに好都合である。

1章の演習問題

＊解答は，p. 132 参照

[演習問題 1.1]

次の文章の ☐☐☐☐ の中に入れるべき適切な字句または数値を解答例にならって答えよ。

(解答例　21－重油)

(1) 気体燃料の特徴は，他の燃料に比べて少ない ☐1☐ で完全燃焼しやすい，点火や消火の燃焼管理が容易，☐2☐ 分が少ないため大気汚染がほとんどないなどの長所があるが，漏えいによる ☐3☐ の危険を伴うため安全管理には十分注意しなければならない。

(2) 天然ガスは，その性状から ☐4☐ ガスと ☐5☐ ガスに大別される。前者は大部分が ☐6☐ であるが，後者は ☐6☐ ，☐7☐ のほかに ☐8☐ 以上の高級炭化水素を相当量含んでいる。

(3) 液体燃料の特徴は，他の燃料に比べて貯蔵や ☐9☐ が容易であり，一般に固体燃料に比べて発熱量が ☐10☐ く，燃焼効率も ☐10☐ い。しかし，重質油では高 ☐2☐ 分のものが多く，大気汚染の原因となりやすい。

(4) 自動車ガソリンに要求される性状の一つにアンチノック性があり，これは ☐11☐ を尺度として表される。

　灯油の JIS 規格における 1 号は一般に ☐12☐ と呼ばれ，JIS ではすすの出にくさを評価する尺度として ☐13☐ を規定している。

　軽油はディーゼル燃料として多く使用されているが，この着火性の良否を表す指標に ☐14☐ がある。

　重油の JIS 規格では，☐15☐ を柱として 1 種～3 種の 3 種類に大別されており，このうち 1 種重油はさらに硫黄分により ☐16☐ 種類に細分されている。また，引火点は 1 種・2 種重油では 60℃以上，3 種重油では ☐17☐ ℃以上と規定されている。

(5) 石炭中の炭素は，通常純炭分中 ☐18☐ 質量％存在する。石炭中の ☐19☐ ／☐20☐ を燃料比といい，石炭化度の一つの指標となる。

2章
燃料試験法

2.1 発熱量測定

2.1.1 気体燃料

　気体燃料の発熱量は，ユンカース式流水形ガス熱量計を用いて測定する（JIS K 2301）。この方法は，高発熱量約 8.4～62.8 MJ/m^3_N の気体燃料ガスに適用する。

　試料ガス 10 または 5L を空気とともにガスバーナで完全に燃焼させ，発生した熱の総量を熱量計に流れる水に吸収させる。試料ガス量および流水量，流水の入口と出口の温度差から高発熱量を求める。ガスバーナのノズルは，試料ガスの発熱量などに応じて，適当な内径をもつものを使用する。低発熱量は高発熱量から凝縮水の凝縮潜熱を減じて計算する。

　ユンカース式流水形ガス熱量計を**図 2.1** に示す。

　メタンを主成分とし，かつプロパン以上の炭化水素類の含有率の低い天然ガスの発熱量は，ガスクロマトグラフ法（JIS K 2301）で求めた成分の体積百分率とそれぞれの純粋なガスの発熱量を用いて，次式より計算によって求めることもできる。

$$H = \Sigma \left(H_i \cdot \frac{C_i}{100} \right)$$

　　ここに，H ：試料ガスの高発熱量〔kJ/m^3_N〕
　　　　　　H_i ：各成分の高発熱量〔kJ/m^3_N〕

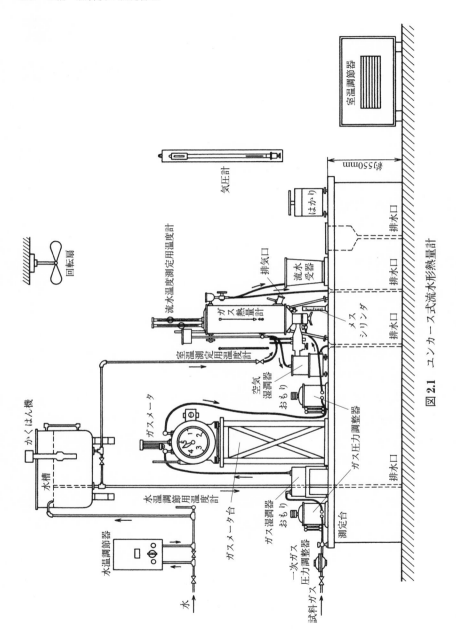

図 2.1 ユンカース式流水形熱量計

C_i：各成分の体積割合〔%〕

　液化石油ガスの発熱量は，ガスクロマトグラフ法（JIS K 2240）で組成分析を行って，上記と同様の計算によって求める。

2.1.2　液体燃料

　原油および石油製品の高発熱量は，改良形燃研式ボンベ形熱量計またはそれと同等以上の性能をもつ燃研式自動熱量計を用いて測定する（JIS K 2279）。これらはいずれも断熱式ボンベ熱量計である。

　試料をボンベに入れ，高圧酸素中で燃焼させる。試料の量は，高発熱量が約27 kJ になるように調整する。ガソリンなど揮発性試料の場合には，カプセルまたはポリエチレン袋を用いる。ボンベは内筒，中間筒，外槽で囲まれ，発生熱は内筒水に吸収させる。外槽には加温水を注水し，内筒水との温度差を 0.1〔℃〕以内に保つことによって断熱を図る。内筒水の温度上昇の測定値，内筒水量，熱量計の水当量および種々の補正値を使って高発熱量を求める。熱量計の水当量は，熱量標定用安息香酸を用いて求める。

　原油および石油製品の高発熱量は，試料の密度，硫黄分，水分および灰分から計算式によって推定することもできる（JIS K 2279）。

2.1.3　固体燃料

　石炭類およびコークス類の発熱量は，熱量計用安息香酸標準試料又は国際熱量標準安息香酸を燃焼して校正したボンブ熱量計を用いて測定する（JIS M 8814）。なお，木炭および練炭の発熱量はこれを準用することができる。

　発熱量は気乾試料約 1 g を燃焼皿にとり，ボンブ内につり下げ，点火用ニッケル線に接触させ，ニッケル線の両端を電極に固定させる。ボンブ内に酸素を圧入し約 2.5 MPa とし，ニッケル線に通電して点火する。ボンブは，内筒，中間筒，外槽で囲まれ，発生熱は内筒水に吸収させる。内筒水の温度上昇とともに外槽には加温水を入れ，内外筒の水の温度差を 0.1℃以内に保つことによって内筒水の温度上昇を測定し，次の式によって試料 1 g に対する高発熱量を求める。石炭の場合には無水ベースまたは気乾ベース，コークスの場合は無水ベースを用いる。

測定試料の高発熱量〔J/g〕=

$$\frac{\{内筒水量〔g〕+水当量〔g〕\}×水の比熱〔J/(g\cdot K)〕×上昇温度〔K〕}{試料量〔g〕}$$

（1）熱量計

ボンブ式熱量計のうち JIS ではボンブ式断熱熱量計又はボンブ式自動熱量計が規定されている。**図2.2**にボンブ式断熱熱量計の例を示す。

（2）水当量

ボンブ式熱量計では，ボンブ内で発生した熱の一部が装置に吸収されるので，その分を補正する必要がある。これを熱量計の水当量とよび，装置の熱容量と熱的に当量な水の量によって表す。水当量は発熱量既知の安息香酸（26.46 kJ/g，20℃）を発熱量測定と同一の条件で燃焼させることにより測定する。

（3）低発熱量の換算

高発熱量から低発熱量を換算するには次式を用いる。

$$低発熱量〔kJ/kg〕=高発熱量〔kJ/kg〕-\frac{2\,500(9h+w)}{100}$$

ここで，h：水素の質量割合〔%〕，w：水分の質量割合〔%〕

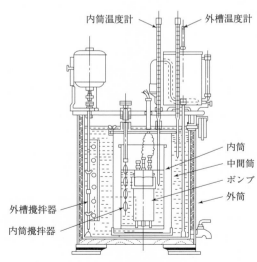

図2.2 ボンブ式断熱熱量計（一例）

ただし，発熱量，水分および水素は，同一ベースでなければならない。

2.2　組成分析

2.2.1　気体燃料

　気体の燃料の成分は，一般成分（メタンその他のガス状炭化水素類ならびに水素，一酸化炭素，二酸化炭素，酸素，窒素）と少量成分である特殊成分（全硫黄，硫化水素，アンモニア，ナフタレン，水分）に分類される。

　分類方法は通常，燃料として使用される都市ガスなどの燃料ガスおよび天然ガスについては JIS K 2301，液化石油ガスについては JIS K 2240 に規定されている。

（1）一般成分の分析方法

　ガスクロマトグラフ法では，熱伝導度検出器または水素炎イオン化検出器を備えたガスクロマトグラフを用い，試料ガスの全成分を数種のカラムによって分離し，記録されたクロマトグラフのそれぞれのピークの面積を，同一条件下で得られた混合標準ガスまたは純ガスのピーク面積と比較し，補正係数による補正を行って各成分を定量する。

　　この方法の主な分析対象成分は，次のとおりである。

水素	(H_2)	エチレン	(C_2H_4)
酸素	(O_2)	プロパン	(C_3H_8)
窒素	(N_2)	プロピレン	(C_3H_6)
一酸化炭素	(CO)	イソブタン	$(i-C_4H_{10})$
二酸化炭素	(CO_2)	ブタン	$(n-C_4H_{10})$
メタン	(CH_4)	ブテン類	(C_4H_8)
エタン	(C_2H_6)		

　標準ガスとして使用される純ガスは水素，窒素，メタン，二酸化炭素，プロパン，ブタンである。

（2）特殊成分の分析方法

　特殊成分の分析方法を**表2.1**に示す。

表2.1 特殊分析成分と分析方法

分析成分	分析方法
全　硫　黄	過塩素酸バリウム沈殿滴定法 ジメチルスルホナゾⅢ吸光光度法 イオンクロマトグラフ法 微量電量滴定式酸化法 紫外蛍光法（バッチ法，連続流通法）
硫 化 水 素	ヨウ素滴定法 メチレンブルー吸光光度法 酢酸鉛試験紙法 炎光光度検出器付ガスクロマトグラフ法
アンモニア	中和滴定法 インドフェノール吸光光度法 硝酸銀－硝酸マンガン試験紙法 イオンクロマトグラフ法
ナフタレン	ガスクロマトグラフ法
水　　　分	吸収ひょう量法 露点法

2.2.2　液体燃料

　アルコールなども液体燃料であるが，ここでは，広く利用されている石油系燃料に限って説明する。

　石油系燃料中の分子は，炭素数の多いものまであり，複雑かつ多種類である。比較的低分子量のものはガスクロマトグラフ法，質量分析法で分析可能である。重質分の構造分析には核磁気共鳴法（NMR）が用いられる。また赤外線吸収スペクトル法を用い，官能基の有無など，組成上の特徴を知ることができる。元素分析法には，化学分析法と機器分析法がある。炭素，水素，窒素については，試料を燃焼分解し，生成ガスをガスクロマトグラフ法と同様に定量する自動分析装置（固体燃料の分析も可能）も市販されている。金属元素の機器分析法としては，原子吸光法，発光分光法——最近はとくに誘導結合高周波プラズマ（ICP）を励起源とする発光分光法，蛍光 X 線法がある。

　石油製品の試験法には，JIS のほかに，国際標準化機構（ISO），石油学会，アメリカ材料試験協会（ASTM），アメリカ石油協会（API），イギリス石油協会（IP）などの定める試験法もあるが，ここでは，JIS に規定されている成分

試験方法について説明する。なお，試料の採取方法については JIS K 2251 に
規定されている。

（1）成分試験方法（JIS K 2536）

　石油製品中の炭化水素成分を蛍光指示薬吸着法によって飽和炭化水素，オレ
フィン炭化水素，芳香族炭化水素の3種類の炭化水素タイプに類別して定量す
る。また，ガソリン中のベンゼン，トルエン，キシレン，メタノール，エタノ
ール，メチルターシャリーブチルエーテル（MTBE）などをガスクロマトグ
ラフ法で定量する

　試験方法を**表2.2**に示す。

（2）硫黄分試験方法（JIS K 2541）

　硫黄分の分析方法は**表2.3**のように規定されている。

　(a)　酸水素炎燃焼式ジメチルスルホナゾⅢ滴定法

　試料を酸水素炎で燃焼させ，生じた硫黄酸化物を過酸化水素水（3％）に吸
収させて硫酸にする。吸収液中の硫黄の定量は，吸収液を濃縮し，これに緩衝
液とアセトンを加え，ジメチルスルホナゾⅢを指示薬として溶液中の硫酸イオ
ンを過塩素酸バリウム標準液で滴定し硫黄分を求める。

　(b)　微量電量滴定式酸化法

　酸素と不活性ガスの混合気流中で試料を燃焼し，生成する二酸化硫黄を電解
液に吸収させて電量滴定する。

　(c)　燃焼管式空気法

　950～1100℃に加熱した石英製燃焼管中に空気を導入して試料を燃焼させ
る。生成した硫黄酸化物を過酸化水素水（3％）に吸収させて硫酸とし，この
硫酸を水酸化ナトリウム標準液で中和滴定して硫黄分を求める。

　(d)　放射線式励起法

　線源から放射された1次X線を試料に照射し，励起された試料中の硫黄原
子から発生する蛍光X線の強度（パルス発生率）を測定し，得られた蛍光X
線の強度は硫黄分濃度に比例することから，あらかじめ硫黄分標準物質を用い
て作成した検量線から試料中の硫黄分濃度を求めるものである。

　(e)　燃焼管式酸素法

　1150～1200℃に加熱した石英燃焼管中に酸素を送入して試料を燃焼させ

表2.2 炭化水素成分試験方法の種類

種類	試験する炭化水素タイプ及び成分	適用区分	試験結果の単位	適用油種例
蛍光指示薬吸着法	飽和分 オレフィン分 芳香族分	終点が315℃以下[*1]の石油製品に適用する。	容量%	自動車ガソリン 航空ガソリン 航空タービン燃料油 灯油
ガスクロによる芳香族試験方法	芳香族分 ベンゼン トルエン キシレン	終点が220℃以下[*1]の石油製品に適用する。	質量%または容量%	自動車ガソリン 航空ガソリン
ガスクロによる全成分試験方法	全成分 ベンゼン トルエン キシレン メタノール エタノール MTBE ETBE 灯油分	終点が250℃以下[*1]の石油製品に適用する。		自動車ガソリン
タンデム式ガスクロによる成分試験方法	ベンゼン トルエン キシレン メタノール MTBE 灯油分		容量%	自動車ガソリン
ガスクロによる酸素化合物試験方法	メタノール MTBE			
酸素検出式ガスクロによる酸素分・酸素化合物試験方法	酸素分 メタノール エタノール MTBE ETBE その他の酸素化合物		質量%または容量%	自動車ガソリン

*1 終点は，JIS K 2254に規定する常圧法蒸留試験方法による。

る。生成した硫黄酸化物を過酸化水素水（1%）に吸収させて硫酸とし，この硫酸を水酸化ナトリウム標準液で中和滴定して硫黄分を求める。

〔f〕 ボンベ式質量法

　炭酸ナトリウム溶液を入れたボンベに，試料皿を入れたのち，酸素を圧入して試料を燃焼させ，生成した硫黄酸化物を硫酸塩にする。次にボンベ内溶液を洗い出し，これに塩化バリウム溶液を加えて硫酸バリウムの沈殿を生成させた

表 2.3　硫黄分試験方法の種類

試験方法の種類	適用油種例	測定範囲
酸水素炎燃焼式ジメチルスルホナゾⅢ滴定法	自動車ガソリン，灯油，軽油	1 ～ 10 000 質量 ppm
微量電量滴定式酸化法		1 ～ 1 000 質量 ppm
燃焼管式空気法	原油，軽油，重油	0.01 質量％以上
燃焼管式酸素法（参考）		
放射線式励起法		0.01 ～ 5 質量％
ボンベ式質量法	原油，重油，潤滑油	0.1 質量％以上
紫外蛍光法	自動車ガソリン，灯油，軽油	3 ～ 500 質量 ppm
波長分散蛍光 X 線法		5 ～ 500 質量 ppm

のちに，この沈殿をろ過し，強熱，ひょう量して試料中の硫黄分を求める。

（3）窒素分試験方法（JIS K 2609）

　原油および石油製品中の窒素分を定量する方法には，化学分析法と機器分析法がある。化学分析法はマクロケルダール法とミクロケルダール法を使用し，機器分析法は微量電量滴定法および化学発光法を用いて定量する。試験方法の種類と特徴を**表 2.4** に示す。

　化学分析法では，触媒を加えた濃硫酸中で試料を加熱，分解し，試料中の窒素を硫酸アンモニウムに変え，これに強アルカリを加えて水蒸気蒸留する。こののち，マクロケルダール法では，発生したアンモニアをホウ酸溶液に吸収して硫酸標準液で中和滴定する。ミクロケルダール法では，アンモニアを希硫酸溶液に吸収後，発色試薬を加えて発色させ，吸光光度法で定量する。マクロケルダール法は，用いる試料の量が多く時間が長くかかる。

　機器分析法として微量電量滴定法および化学発光法がある。微量電量滴定法では，水素および触媒の存在下で試料を分解還元し，窒素化合物をアンモニアに変換する。アンモニアは電解液に吸収させて電量滴定する。

（4）残留炭素分試験方法（JIS K 2270）

　原油および石油製品の残留炭素分の試験方法を**表 2.5** に示す。

　コンラドソン法は試料 3～10 g をるつぼに量り採り，約 10 分間かけて煙が出始めるように予熱したのち，発生した油蒸気を約 13 分かけて燃焼させる。さらに残留物を 7 分間強熱し，るつぼをデシケータ中で放冷して質量を量り，

表2.4 窒素分試験方法の種類と特徴

試験方法の種類	特　徴（参考）
マクロケルダール法	有機物中の窒素の湿式分析法の1つとして広く使われているケルダール法を一部修正した方法であり，この規格においては基本法として位置付けている。 試験に用いる試料の量が0.2〜2gと多いため，試料の分析に要する時間が長い（7〜10時間）。 窒素の定量方法は，中和滴定法である。
ミクロケルダール法 （参考）	原理はマクロケルダール法と同様である。 試験に用いる試料の量がマクロケルダール法よりも少ない（0.1〜0.4g）ので，試料の分解に要する時間も短い（3〜5時間）。 窒素の定量方法は，吸光光度法である。
微量電量滴定法	機器分析法であり，迅速に窒素分を求めることができるが，標準物質を用いて窒素の回収率（回収係数）を求めておく必要がある。
化学発光法	機器分析法であり，あらかじめ作成した検量線から迅速に窒素分を求めることができる。 微量電量滴定法に比べて，試験器の保守管理が簡単である長所をもつ。

備考1．化学発光法及び微量電量滴定法によって得られた0.01%以上の窒素分の試験結果に疑義が生じた場合は，マクロケルダール法の結果による。
　　2．ミクロケルダール法を用いて窒素分を測定する方法を参考（ミクロケルダール法窒素分試験方法）に示す。
参考　試験結果の正確さ（偏り）の点検には，社団法人石油学会で認定した窒素分標準試料（標準物質）を用いるとよい。
　　なお，正確さの統計的検定方法は，JIS Z 8402を参照するとよい。

表2.5 残留炭素分試験方法の種類

試験方法の種類	特　徴
コンラドソン法	原油及び石油製品の残留炭素分試験法として広く知られている方法であり，この規格においては基本法として位置付けている。試験に用いる試料の量は3〜10gと多く，試料加熱操作に熟練を要する。
ミ　ク　ロ　法	ミクロ法は，熱重量分析の技術を応用し，コンラドソン法の装置及び方法を改良したもので操作が簡便である。 　試験に用いる試料の量は，0.15〜5gと比較的少なく，複数の試料を同時に測定できる。

残留炭素分を求める。残留炭素分の少ない軽油などについては，蒸留により10%残油を調整して試料とする。

ミクロ法は試料0.15〜5gを試料容器に量り採り，コーキング炉に入れて窒素雰囲気下で自動的に500℃まで予熱したのち，さらに500℃で15分間強熱し，試料容器をデシケータ中で放冷して質量を量り残留炭素分を求める。

（5）灰分試験方法（JIS K 2272）

　試料を上記と同様に燃焼して炭素物質にしたのち，電気炉中，775 ± 25℃で完全に灰化するまで加熱する。放冷後，質量を測定して灰分を求める。この方法は，有機金属化合物およびリン化合物が添加された石油製品には適用できない。

（6）水分試験方法（JIS K 2275）

　蒸留法では，水に不溶な沸点 100 ～ 200℃の溶剤を試料に加え，冷却器付きの蒸留フラスコで加熱しながら還流させる。凝縮した溶剤と水は連続的に検水管で分離し，放冷後，検水管にたまった水分の容量を読みとる。そのほか，カールフィッシャー試薬を用いる方法がある。

2.2.3　固体燃料

　固体燃料は，液体燃料よりさらに複雑な構造の分子からなるため，その組成を明らかにすることは一層困難である。構造上の特性を明らかにするために，赤外線吸収，ラマン散乱などの分光学的分析法，核磁気共鳴，電子スピン共鳴（ESR）などの磁気共鳴分析法，X 線回折法などが用いられている。また固体表面の分析には，X 線光電子分光法（XPS または ESCA）をはじめ，種々の方法が用いられている。金属そのほかの元素分析には，液体燃料と同様，原子吸光，ICP，蛍光 X 線などが用いられている。ここでは，JIS に規定されている石炭類およびコークス類の元素分析方法，工業分析方法について説明する。JIS には，石炭類の形態別硫黄（硫酸塩硫黄，黄鉄鉱硫黄，有機硫黄）の定量方法（M 8817），石炭灰，コークス灰の分析方法（M 8815）などの規定もあるが，ここではふれない。なお，試料の採取方法ならびに全水分および湿分の測定方法については，JIS M 8811 に規定されている。

（1）元素分析方法（JIS M 8813）

　石炭類およびコークス類の元素分析とは，炭素・水素・窒素・全硫黄・灰中の硫黄・リンを測定し，併せて酸素を算出することをいう。石炭類の炭酸塩の形の二酸化炭素についても定量する。

　試料は石炭の場合，JIS M 8811 によって調製した気乾試料を用い，コークスの場合も同様に調製した気乾試料を用いるが，この場合は，同時に気乾試料

水分を測定する必要はない。分析結果は灰分（無水ベースに換算したもの），炭素，水素，酸素，硫黄および窒素の6成分を無水ベースによって表示するが，全硫黄およびリンは石炭の場合は気乾ベースまたは無水ベース，灰中硫黄および石炭類の炭酸塩の形の二酸化炭素は無水ベースで表示する。

(a) 炭素および水素定量方法

①リービッヒ法

試料約0.2gを低速の酸素気流中で約800℃に加熱・燃焼し，生成する二酸化炭素および水蒸気をそれぞれ吸収剤に吸収させて，その増量を測定し，無水試料に対する質量百分率を求めて炭素および水素の量を求める。**図2.3**にその装置を示す。

②シェフィールド高温法

試料約0.1～0.5gを比較的高速の酸素気流中で約1350℃に加熱・燃焼させ，あとの操作は上記と同様に行う。

(b) 全硫黄定量方法

①エシュカ法

試料1gをエシュカ合剤（軽質酸化マグネシウム2；無水炭酸ナトリウム1の混合物）2.5gとよく混合し，その上部をエシュカ合剤1gでおおったものを空気気流中で800℃に加熱し，試料中の全硫黄を硫酸塩として固定し，塩酸で抽出後硫酸バリウムの沈殿として定量する。

②高温燃焼法

試料を酸素気流中で約1350℃に加熱し，全硫黄を酸化してガス化し，これを過酸化水素水に捕集したのち，水酸化ナトリウム標準液で滴定し，試料に対する質量百分率を求めて全硫黄とする。

(c) 灰中の硫黄定量方法

灰中の硫黄定量は，重量法または高温燃焼法のいずれかの方法で行う。

(d) 窒素定量方法

石炭の場合はセミミクロケルダール法により，コークスの場合はセミミクロガス化法またはセミミクロケルダール法により定量する。

(e) 酸素含有率の算出方法

酸素の無水試料に対する質量百分率は，次の式によって算出する。

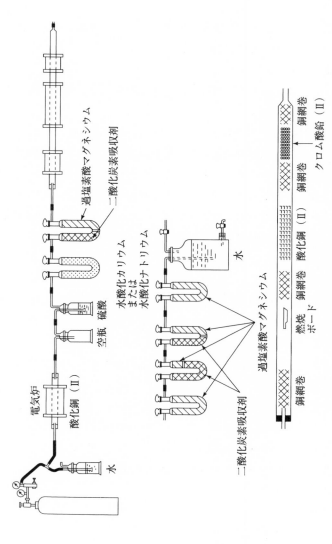

電気炉

酸化銅（Ⅱ）

過塩素酸マグネシウム

二酸化炭素吸収剤

水酸化カリウム
または
水酸化ナトリウム

硫酸

空瓶

水

過塩素酸マグネシウム

二酸化炭素吸収剤

水

銅網巻

燃焼ボート

酸化銅（Ⅱ）

銅網巻

クロム酸鉛（Ⅱ）

銅網巻（Ⅱ）

図 2.3　炭素および水素定量装置（リービッヒ法）

試料中の酸素〔%〕=100-｛炭素〔%〕+水素〔%〕+窒素〔%〕+灰分〔%〕

+全硫黄〔%〕-灰中の硫黄〔%〕×(灰分〔%〕/100)｝

(f) リン定量方法

リンの定量は，モリブデン青吸光光度法，リンバナドモリブデン黄吸光光度法，滴定法のいずれかの方法で行う。

(g) 炭酸塩の形の二酸化炭素定量方法

試料を減圧した密閉容器内で塩酸と反応させ生成する二酸化炭素による圧力上昇を測定する。

(2) 工業分析方法 (JIS M 8812)

工業分析方法とは気乾試料を用いて分析試料水分，灰分および揮発分を定量し，併せて固定炭素を算出することをいう。分析結果の表し方は，石炭類の場合，水分，灰分，揮発分および固定炭素の4成分を気乾ベースによって表示するか，または灰分，揮発分および固定炭素の3成分を上記とは別に無水ベースで表す。コークス類の場合は灰分，揮発分，および固定炭素の3成分を無水ベースで表示する。

(a) 水分定量方法

石炭類の場合は試料を107℃で1時間，コークス類の場合は200℃で4時間加熱乾燥したとき，その減量の試料に対する質量百分率をもって水分とする。

(b) 灰分定量方法

試料を空気中で815℃に加熱灰化したとき，残留する灰の量の試料に対する質量百分率を灰分とする。

(c) 揮発分定量方法

試料をふた付きのるつぼに入れ，空気との接触を避けるようにして900℃で7分間加熱したとき，その加熱減量の試料に対する質量百分率を求め，これから同時に定量した水分を差し引いて揮発分を求める。

(d) 固定炭素算出方法

(石炭類の場合)

①気乾ベースの固定炭素

$$FC_{ad}=100-(M_a+A_{ad}+VM_{ad})$$

ここに，FC_{ad}：固定炭素

M_a：試料中の水分〔wt%〕

A_{ad}：試料中の灰分〔wt%〕

VM_{ad}：試料中の揮発分〔wt%〕

②無水ベースの固定炭素

$$FC = 100 - (A + VM)$$

ここに，FC：固定炭素

A：無水ベースの灰分〔wt%〕

VM：無水ベースの揮発分〔wt%〕

（コークス類の場合）

$$FC = 100 - (A + VM)$$

ここに，FC：固定炭素

A：無水ベースの灰分〔wt%〕

VM：無水ベースの揮発分〔wt%〕

2.3　燃料の性状測定

2.3.1　気体燃料

　気体燃料の比重測定法は JIS K 2301 に規定されている。ここでいう比重とは，同一温度，同一圧力における等体積のガスと乾燥空気の質量の比を意味する。

　ブンゼン・シリング法（流出法）では，空気と試料ガスをそれぞれ白金板の細孔を通して流出させ，流出時間の比から比重を算出する。

　比重瓶法では，質量のわかった比重瓶に乾燥空気と試料ガスをそれぞれ充てんし，温度および圧力を調整したのち，ひょう量して比重を算出する。

　また，ガスクロマトグラフ法によって得られた成分組成と，それぞれの成分の比重を用いて計算によって試料ガスの比重を求められる。

　なお，液化石油ガスの密度は温度計付き浮きばかり法による実測法か計算法により求める（JIS K 2240）。

2.3.2 液体燃料

液体燃料の性状を把握するには種々の測定が必要である。以下に説明する測定項目のほかにも，反応性（K 2252），蒸留（K 2254），アニリン点（K 2256），蒸気圧（K 2258），実在ガム（K 2261），潜在ガム（K 2276），銅板腐食（K 2513），煙点（K 2537），色（K 2580），臭素価（K 2605）などの試験方法が JIS に規定されている。

（1）密　度（JIS K 2249）

原油および石油製品の密度は，通常 15℃における値で表す。

密度は，Ⅰ形浮ひょう密度試験方法，振動式密度試験方法，ワードン比重瓶密度試験方法，目盛ピクノメータⅠ形密度試験方法，ハバード比重瓶密度試験方法により測定する。これらは試料の粘度，蒸気圧などにより使い分ける。これらの密度試験方法の種類と適用区分を**表 2.6** に示す。

15℃におけるある体積の試料の質量と，それと等体積の 4℃における水の質量との比を "比重 15/4℃" と表す。"比重 t_1/t_2℃"，"比重 60/60°F" も同様に定義される。また，"API 度" なども慣用されている。密度（15℃）と比重 60/60°F，API 度は表を用いて相互に換算できる。

表 2.6 密度試験方法の種類と適用区分

試験方法の種類		適用区分
振動法		試験条件下で，軽質分の損失がないなど成分に変化がない液状試料に適用する。
浮ひょう法		試験温度又は 15℃ において液状で，JIS K2258-1 又は JIS K2258-2 によって求めた蒸気圧が 100 kPa 以下の試料に適用する。
ピクノメータ法	毛細管共栓ピクノメータ法	試験温度で液体，固体又は半固体の試料（例えば，高含ろう原油など）に適用する。 JIS K 2258-1 又は JIS K2258-2 によって求めた蒸気圧が 50 kPa 以下で，かつ，JIS K2254 の常圧法によって求めた初留点が 40℃ 以上の液状試料に適用する。
	目盛ピクノメータⅠ形法	JIS K2258-1 又は JIS K2258-2 によって求めた蒸気圧が 130 kPa 以下で，JIS K2283 によって求めた動粘度が，試験温度で 50 mm²/s 未満の試料に適用する。特に，試料の量が少ない場合に適している。ただし，不透明試料の測定には注意を要する。

（2）動粘度（JIS K 2283）

　試験温度においてニュートンの粘性法則にしたがう液体燃料の動粘度は，一定容量の液体が一定温度で毛管内を自然流下する時間を測定して求められる。粘度計には種々あり，懸垂液面形，改良オストワルド形，逆流形に分類されている。その特徴を**表2.7**に示す。国内で一般に使用されているのは，それぞれウベローデ粘度計，キャノン・フェンスケ粘度計，同不透明液用粘度計である。

表2.7　粘度計の種類と特徴

形　式	名　　称	特　　徴
懸垂液面形	1.　ウベローデ粘度計 2.　キャノン-ウベローデ粘度計 3.　キャノン-ウベローデセミミクロ粘度計 4.　BS/IP小形懸垂液面粘度計 5.　アトランティック粘度計	(1)　透明な試料の測定に適している。 (2)　5.の粘度計は専用の恒温槽を必要とし，また，露点以下の試験温度での測定には不向きである。
改良オストワルド形	1.　キャノン-フェンスケ粘度計 2.　キャノン-マニングセミミクロ粘度計 3.　ツァイトフックス粘度計	(1)　透明な試料の測定に適している。 (2)　1.及び2.の粘度計は，構造が簡単で，測定及び洗浄操作が容易であるが，流出時間の補正が必要である。
逆　流　形	1.　キャノン-フェンスケ不透明液用粘度計 2.　ツァイトフックスクロスアーム粘度計 3.　ランツーツァイトフックス粘度計 4.　BS/IP逆流U字管粘度計	(1)　不透明な試料の測定に適している。ただし，露点以下の試験温度での測定には不向きである。 (2)　1.の粘度計は，構造が簡単で，測定および洗浄操作が容易であり，また，1回の試料はかり採りで2個の測定値が得られる。しかし，流出時間の補正が必要である。 (3)　2.，3.および4.の粘度計は，1回の試料はかり採りで1個の測定値しか得られない。

（3）引火点（JIS K 2265）

　試料を規定の条件で加熱して引火源を油面に近づけたとき，油蒸気と空気の混合気体が，せん光を発して瞬間的に燃焼し，その炎が液面上を伝ぱする最低の試料温度を引火点とする。

　引火点の測定方法には，密閉状態で加熱する方式，および開放状態で加熱する方式の2つがある。前者の測定法によって求めた引火点を密閉式引火点，後者の測定法によって求めたものを開放式引火点という。密閉式引火点の試験方法にはタグ密閉式，迅速平衡法およびペンスキーマルテンス密閉式の3方法が

ある。開放式引火点の試験方法にはクリーブランド開放式がある。試料の引火点および油種によって使い分ける。

（4）流動点，曇り点（JIS K 2269）

　試料を 45℃ に加熱したのち，試料をかき混ぜないで規定の方法で冷却したとき，試料が流動する最低温度を流動点といい，0℃を基点として 2.5℃ の整数倍で表す。

　試料をかき混ぜないで規定の方法で冷却したとき，パラフィンワックスの析出によって試験管底部の試料がかすみ状になるか曇り始める温度を曇り点といい，整数値で表す。

（5）オクタン価，セタン価（JIS K 2280）

　オクタン価は火花点火式エンジン用燃料のアンチノック性を表す尺度である。単気筒の CFR エンジンを規定条件で運転し，イソオクタンとヘプタンを混合した正標準燃料と試料のノック強度を比較する。試料と同一のアンチノック性を示す正標準燃料中のイソオクタンの容量〔%〕をオクタン価とする。オクタン価が 100 を超える燃料については，四エチル鉛を加えたイソオクタンと比較し，四エチル鉛の濃度によってオクタン価を決める。試験方法は，CFR エンジンの運転条件によってリサーチ法とモータ法に分かれ，自動車用ガソリンは前者で規定されている。航空ガソリンについては，別に過給法オクタン価の試験方法がある。

　セタン価はディーゼル燃料の自己着火性を表す値の 1 つである。セタン（セタン価 100）とヘプタメチルノナン（セタン価 15）を混合した標準燃料と試料の着火性を比較し，試料と同一の着火性を示す標準燃料の組成からセタン価を決める。

　セタン指数もディーゼル燃料油の自己着火性を表す値である。これは，15℃における密度および 3 点の蒸留留出温度（10 容量%，50 容量%および 90 容量%）から，セタン価との相関関係式を用いて算出する。

2.3.3　固体燃料

（1）石炭類の粒度（JIS M 8801）

　試料を所定のるふいでふるい分け，各ふるい目上の残留量および最小目開き

のふるいの通過量をはかり，試料に対する質量百分率をもって試料の粒度を表す。

（2）石炭類の粉砕性（JIS M 8801）

所定の試料を試験機で粉砕した後，所定のふるいでふるい分け，ふるい下の質量をはかり，実験式によって求めた値をハードグローブ粉砕性指数（略称HGI）として表す。

（3）石炭類の膨張性（JIS M 8801）

るつぼ試験方法は，ガス加熱法，電気加熱法の2種類である。試料を所定のるつぼに入れて，規定の条件でガスバーナまたは電気炉によって加熱し，生成した加熱残渣を標準輪郭と比較して，るつぼ膨張指数（略称 CSN）として表す。

ジラトメータ法では，微粉砕した試料を規定の棒状に加圧成形して所定の細管に挿入し，その上にピストンを入れたのち，規定の昇温速度で加熱して，ピストンの上下の変位を測定し，棒状に成形した試料の最初の長さに対する百分率をもって試料の軟化溶融特性を示す。

（4）石炭類の流動性（JIS M 8801）

ギーセラ・プラストメータ法では，試料を所定のるつぼに入れて，金属浴中で規定の昇温速度で加熱し，規定のトルクをかけた攪拌棒の回転速度を測定し，1分ごとの目盛分割流動度 ddpm（dial division per minute）で試料の軟化溶融特性を表す。

（5）コークス化性（JIS M 8801，K 2151）

コークス化性試験方法は，小形レトルト法と缶焼法とがある。小形レトルト法は，試料を所定のレトルトに入れて規定の温度で乾留し，生成コークスの強度を JIS K 2151 によって測定して，その 15mm 指数をもって表す。

缶焼法は，試料を容器に入れて乾留炉内で乾留し，容器内に生成したコークスについて強度試験およびその他の品質試験を行い，コークス化性を表す。

（6）灰の溶融性（JIS M 8801）

灰化した試料で試験すいを製作し，所定の電気炉に入れて規定の条件のもとに連続的に加熱する。試験すいの形状に，それぞれ特定の変化が起こったときの温度をもって，灰の溶融性を示す。

(7) 石炭の反射率 (JIS M 8816)

　粉砕乾燥した試料をバインダと混合してブリケットにし，平らに研磨する。調製した研磨試料中の微細組織成分の油浸最大反射率を顕微鏡下で測定し，平均最大反射率を算出する。反射率は，百分率で表す。石炭の反射率は，石炭化度やコークス化性を表す尺度として重要な因子である。

　そのほか。石炭類およびコークス類の粒度，比重などの試験方法も JIS M 8801，K 2151 に規定されている。

2 章の演習問題

＊解答は，p. 132 参照

[演習問題 2.1]

　次の文章の 　　　 の中に入れるべき適切な字句または数値を解答例にならって答えよ。

（解答例　16－質量）

(1)　燃料ガス及び天然ガスの発熱量は，JIS 規格では， 1 形ガス熱量計によって測定するか， 2 法により得られた成分組成から計算によって求めることとしている。前者の熱量計によって測定される発熱量の値は 3 発熱量である。

　　一方，固体・液体燃料の発熱量の測定方法には，JIS 規格において， 4 熱量計を用いた測定がある。

(2)　石炭の工業分析は， 5 ， 6 ， 7 を定量し， 8 を算出するもので，これらの値は比較的簡素な方法で求められるので，性状を知る方法として広く用いられている。また，石炭の元素分析では，分析結果の表示について基本的に灰分， 9 ， 10 ， 11 ，硫黄及び窒素の6成分を 12 ベースによって表示することになっている。

　　石炭中の 8 ／ 7 を 13 といい，石炭化度の一つの指標となる。

　　石炭中の炭素及び水素の定量は 14 法又はシェフィールド高温法により行われ，また， 15 の定量はセミミクロケルダール法により行われる。

[演習問題 2.2]

次の各項目の燃料試験方法の名称と，その測定原理を簡潔に述べよ。

① 気体燃料の高発熱量
② 重油中の残留炭素分
③ 石炭中の全硫黄分

［演習問題 2.3］

次の事項は燃料の性状の何を試験する方法に関するものか，述べよ。

① マクロケルダール法

② エシュカ法

③ ペンスキー・マルテンス密閉式

3章
燃焼基礎現象

3.1 燃焼化学

3.1.1 燃焼一般

　火によって人間は光を得，熱を得，食事を豊かにし，鉄や銅を，さらに電気をつくり出した。火のエネルギーは，自動車や船を走らせ，飛行機，さらにはロケットを飛ばせた。物が燃えて熱を出し，光を出すことはしごく当然のことであるが，いったい火の本体は何であろうか。このように"燃焼"という言葉は自然現象にも，人為的に制御される現象にも広範囲にわたって使われる。

　燃焼方法をよく理解するには，燃料の燃焼過程を十分に知る必要がある。また，単に燃焼過程といっても燃料の種類によってその様相は大いに異なるから，燃焼方法もそれに対応したものでなくてはならない。ここでは，すべての燃焼に共通な一般事項と，燃料別の燃焼特性を述べることにする。

3.1.2 燃焼の化学反応

　燃焼の化学反応は，原子，遊離基を含む高温高速反応であること，および反応特性が気体力学的影響を強く受けることが特徴である。すなわち，たいていの燃焼反応は途中の過程を除けば，最終的には気相発熱反応である。燃料が固体や液体であっても燃焼の始めに蒸発が起こって気体になり，その後燃料気体と酸化剤との間で気相の発熱反応が行われる。

　燃料は気体，液体，固体を問わず C，H，O などの元素がいろいろの形に結

合されてできており，これが急速に酸素と化合して光および熱を発生する。酸化反応により燃料は，最終的には CO_2，H_2O に転換されるが，その際の発生熱量をできるだけ有効に利用するのが熱設備の目的である。

　実際の燃焼における化学反応のうち，主なものを**表3.1**に示す。燃焼計算および熱勘定を行う場合には燃焼反応の中間における変化については考慮する必要がなく，最終の生成物について考えればよい。

表3.1 単純ガスの燃焼表

燃　　料		燃　焼　方　程　式
名　称	分子記号	
炭　素	C	$C + O_2 = CO_2$
		$2C + O_2 = 2CO$
水　素	H_2	$2H_2 + O_2 = 2H_2O$
硫　黄	S	$S + O_2 = SO_2$
一酸化炭素	CO	$2CO + O_2 = 2CO_2$
メタン	CH_4	$CH_4 + 2O_2 = CO_2 + 2H_2O$
エタン	C_2H_6	$2C_2H_6 + 7O_2 = 4CO_2 + 6H_2O$
エチレン	C_2H_4	$C_2H_4 + 3O_2 = 2CO_2 + 2H_2O$
アセチレン	C_2H_2	$2C_2H_2 + 5O_2 = 4CO_2 + 2H_2O$
プロパン	C_3H_8	$C_3H_8 + 5O_2 = 3CO_2 + 4H_2O$
プロピレン	C_3H_6	$2C_3H_6 + 9O_2 = 6CO_2 + 6H_2O$
ブタン	C_4H_{10}	$2C_4H_{10} + 13O_2 = 8CO_2 + 10H_2O$
ブチレン	C_4H_8	$C_4H_8 + 6O_2 = 4CO_2 + 4H_2O$
一般炭化水素	C_mH_n	$C_mH_n + \left(m + \frac{n}{4}\right)O_2 = mCO_2 + \frac{n}{2}H_2O$

水蒸気改質および水性ガス化反応としては，

$$CH_4 + H_2O \rightleftarrows CO + 3H_2 \tag{3.1}$$

$$CO + H_2O \rightleftarrows CO_2 + H_2 \tag{3.2}$$

$$C_nH_m + nH_2O \rightarrow nCO + \left(n + \frac{m}{2}\right)H_2 \tag{3.3}$$

$$C + H_2O \rightleftarrows CO + H_2 \tag{3.4}$$

が列挙できる。これらの諸反応は単純な燃焼反応ならびにこれに付随する反応の一部であるが，原系より生成系へ変わる割合およびその速さは温度によって変わる。例えば $C + O_2 = CO_2$ の反応は300℃まではほとんど進まないが，1 000℃以上でほとんど瞬間的に完了する。また $C + CO_2 = 2CO$ の反応は吸熱反応であって，800℃まではCOはほとんど生成せず，1 000℃以上になると

CO の割合が急激に増大する。燃焼の化学反応には反応の過程において生成するイオンや遊離基の増減が反応速度を支配すると考えられる現象もみられる。例えば水素―酸素の反応である。

（1）　水素―酸素の反応

水素と酸素の量論比混合物の総括反応は，

$$2H_2+O_2=2H_2O \tag{3.5}$$

であるが，火炎帯は高温であるから H_2O は解離し H_2，O_2，OH，H，O などが H_2O 以外に存在する。

火炎帯直後では主反応はすべて終了し，化学平衡が成立していると考えられるが，ここに至るまでには多くの素過程を経てくる。

発火前の反応は次のとおりである。

$$H+O_2\rightarrow OH+O \tag{3.6}$$

$$O+H_2\rightarrow OH+H \tag{3.7}$$

$$OH+H_2\rightarrow H_2O+H \tag{3.8}$$

また圧力が高くなると，

$$H+O_2+M\rightarrow HO_2+M \tag{3.9}$$

が考えられる。ただし，Mは第3体（反応系に含まれるすべての分子および原子）とする。温度の上昇は，このあとに続く活性基の再結合反応による。すなわち，

$$H+H+M\rightarrow H_2+M \tag{3.10}$$

$$H+OH+M\rightarrow H_2O+M \tag{3.11}$$

$$O+O+M\rightarrow O_2+M \tag{3.12}$$

（2）　一酸化炭素―酸素の反応

この反応も酸水素反応の場合と同様に分岐連鎖反応と考えられるが，微量の水や水素が存在すると反応が著しく促進される。微量の H_2O，H_2 が存在する場合の過程は，

$$CO+OH\rightarrow CO_2+H \tag{3.13}$$

$$H+O_2\rightarrow OH+O \tag{3.14}$$

となり，OH と H を連鎖担体として2つの反応が進行すると思われる。

3.1.3　反応速度

反応

$$\mathrm{A \rightarrow B} \tag{3.15}$$

の反応速度を表すには，濃度（または分圧）の時間変化によって表す。

この場合，反応速度 r は，

$$r = -\frac{\mathrm{d[A]}}{\mathrm{d}t} = \frac{\mathrm{d[B]}}{\mathrm{d}t} \tag{3.16}$$

[A]，[B] は A, B の濃度である。このように表した速度 r も反応時間とともに変化する。

$$-\frac{\mathrm{d[A]}}{\mathrm{d}t} = k[\mathrm{A}] \tag{3.17}$$

のように表すと，式(3.17)を積分して，

$$[\mathrm{A}] = [\mathrm{A}]_0\, \mathrm{e}^{-kt}$$

ここで，$[\mathrm{A}]_0$：A の初濃度

したがって，反応速度 r の時間変化は，

$$r = -\frac{\mathrm{d[A]}}{\mathrm{d}t} = k[\mathrm{A}]_0\, \mathrm{e}^{-kt}$$

であることがわかる。

多くの反応の速度は，

$$r = k[\mathrm{A}]^l[\mathrm{B}]^m[\mathrm{C}]^n \tag{3.18}$$

のような式で表すことができる。このような表現を速度式，k を速度定数，l，m，n を A, B, C についての反応次数という。

速度定数 k は次式のアレニウス式によって表すことができる。

$$k = A\exp\left(-E/RT\right)$$

T は反応温度（絶対温度），R は気体定数，E と A は反応に固有な定数でそれぞれ活性化エネルギーと頻度因子とよばれている。

3.1.4　燃焼反応の実用的取扱い

水素—酸素の反応をシミュレーションするには，反応式 (3.6)〜(3.12) のよ

うな関与する素反応を書き並べ，それぞれの反応について式(3.17)のような反応速度式を与えて，並列に時間積分をしていくのが，厳密な反応速度の計算法である。しかし，対流，拡散，熱伝導，放射，それに乱流運動が並行して起こる状態で，このような計算を行うのは大変であるし，その必要もないことが多い。とくに装置が大きくて対流や乱流運動に時間がかかり，しかも温度が高くて反応時間が短いときには，燃料と酸素の分子が出会えば，瞬間に反応を完了すると考えても，大きな誤差は生じない。この場合，反応面は無限に薄い空間曲面になるので，このようなモデルを"火炎面モデル"とよぶ。燃料と空気とがあらかじめ混合された"予混合気"では，もちろんこのモデルは使えないので，火炎伝播という概念を導入する。

　厳密な反応計算と火炎面モデルとの中間に，反応式 (3.5) のような総括反応式に対して，反応速度の経験式を与える方法がある。すなわち，多数の素反応から成り立っている燃焼反応を一つの総括反応で置き換えて，アレニウスの反応速度式に類似した経験式，

$$-\mathrm{d[F]}/\mathrm{d}t = A[\mathrm{F}]^m[\mathrm{O}]^n T^n \exp(-E/RT) \tag{3.19}$$

　　ここで，F：燃料

　　　　　　O：酸素

で反応速度を表現するものである。

3.2　燃焼過程

3.2.1　着火の過程

　燃料を空気の存在下で加熱したとき，ほかから点火しないで燃焼を開始する最低温度を着火温度または発火温度という。英語では ignition という言葉によってこの現象を表すが，日本ではまだ統一されておらず発火，着火，点火といっている。点火はある道具で火を点ずるという意味が強く，発火は燃料の側からみたときの燃焼開始を意味することが多く，着火は両方の意味をかねている。

　着火温度に対して，点火源を与えて燃焼を開始する最低温度を引火点とい

う。

　ある可燃性物質または混合物を一様に加熱するとき，自己加熱によって系の温度が急上昇し，ついには発火するに至る過程を解釈するのに熱発火あるいは熱爆発理論がある。この理論では，燃料の酸化反応によって発生する熱量 q_1 と，発生した熱が外気に放散する熱量 q_2 が等しくなる点を限界条件としている。

　熱の発生はアレニウス形に従うとすると，

$$q_1 = QVC^n A\exp(-E/RT) \tag{3.20}$$

　　　ここで，V：反応容積

　　　　　　　Q：単位体積の発熱量

　　　　　　　C^n：反応速度の濃度項

　　　　　　　$A\exp(-E/RT)$：反応速度定数

熱放散にニュートンの冷却法則を用いて，

$$q_2 = aS(T-T_0) \tag{3.21}$$

　　　ここで，a：熱伝達率

　　　　　　　S：表面積

　　　　　　　T_0：壁温度

　　　　　　　T：反応体温度

q_1 と q_2 との関係を**図 3.1** に示す。

曲線 a の場合は $q_1 > q_2$ で発火に必要な加熱温度は T_0 より低いところにある。

曲線 b の場合は両曲線が接する場合で T_i で熱の発生速度と放散速度がつり

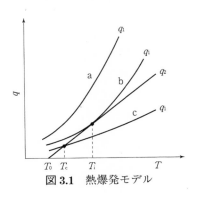

図 3.1　熱爆発モデル

合う。したがって，T_i をわずかでも越えればその後は急速に自己加熱が生じて発火に至る。

曲線 c の場合は T_c まで温度が上がるが，それ以上の温度では放散速度のほうが大きくなるため自己加熱は生じない。**表 3.2** に各種燃料の着火温度を示す。

表 3.2　燃料の着火温度

燃　　料	着火温度〔℃〕	燃　　料	着火温度〔℃〕
薪　　　　　　（硬木）	250～300	重　　　　　　　　油	530～580
木　炭　（黒炭）	320～370	れき青炭タール油	580～650
〃　　　（白炭）	350～400	水　　　　　　　　素	580～600
泥　炭（空気乾燥）	250～300	一　酸　化　炭　素	580～650
褐　炭（　〃　）	250～300	メ　　タ　　ン	650～750
れ　き　青　炭	300～400	エ　チ　レ　ン	525～540
無　　煙　　炭	400～500	ア　セ　チ　レ　ン	400～440
半　成　コ　ー　ク　ス	400～450	タ　ー　ル　蒸　気	250～400
ガ　ス　コ　ー　ク　ス	500～600	発　生　炉　ガ　ス	700～800
炭　　　　　　素	約 800	コ　ー　ク　ス　炉　ガ　ス	650～750
硫　　　　　　黄	630	溶　解　炉　ガ　ス	700～800

3.2.2　消炎現象

固体面を火炎中に挿入すると，表面近傍の火炎を冷却して反応速度を低下させる。それと同時に，表面で活性化学種の破壊が起こり，やはり表面近傍の反応速度を低下させる。したがって，表面からある距離（大気圧下で 1 mm 以下）以内では目視可能な火炎が消失するが，この領域のことを死領域（無炎領域）とよぶ。火花点火機関から排出される未燃炭化水素のかなりの割合が，この領域で生成されるといわれている。

次に，可燃混合気内に 2 枚の平板を挿入し，その間隔 d_p を徐々に減少させてゆくと，ついには平板間を火炎が伝播できなくなる。これは両平板の消炎作用が真中にまで及んだため，火炎の伝播が不可能になったもので，そのときの d_p を平板消炎距離 d_{pc} とよぶ。

さらに，円管の中を火炎が伝播できなくなる最小円管内径 d_{tc} というものが存在し，円管消炎距離とよぶ。d_{pc} と d_{tc} の間には，熱伝導や分子拡散の性質から次の関係がある。

$$d_{pc}/d_{tc}=0.65 \tag{3.22}$$

d_{pc} と d_{tc} は常温・常圧下では 1 mm 前後であり，圧力と層流燃焼速度が増

すと小さくなる。

3.2.3 燃焼過程

　燃料が燃焼する際には，燃料がある温度以上の高温雰囲気で酸素と接触することによって酸化反応が起こる。反応が起こり始めると燃料と空気との界面には燃焼生成物が発生し，その濃度が増加するため O_2 と燃料との接触が妨げられる。したがってこのような場合には，燃料と空気の界面における燃焼生成物が新しい O_2 と入れ替わる速さと，化学反応速度とのいずれか遅いほうが燃焼速度を決めることとなる。火炉内において定常な燃焼が維持されている場合には，化学反応速度は一般にきわめて大きいので，O_2 と燃料とが物理的に接触する速さが反応速度を決める場合が多い。

　以上のように，一般に燃料の燃焼速度は物理的および化学的な2つの条件によって支配される。

　燃料が燃焼する場合の過程は複雑であり正確なことはわからない点が多い。また燃料が気体，液体，固体のいずれであるかによってもその過程が変わる。

　H.C. Hottel らが直径 25.4 mm の炭素球に種々の温度で空気を接触させて，温度と流速に対する反応速度の変化を求めた結果を図 3.2 に示す。この図からわかるように，900℃付近までは温度とともに反応速度が急激に増大するため

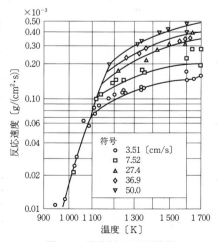

図 3.2　炭素粒の反応速度

化学反応速度が支配的であって流速に無関係である。一方，この温度になると温度の影響は小さくなってガス境膜支配と考えられるようになり，流速の増加とともに反応速度が増大する。

　ブンゼンバーナで燃料ガスを燃焼する場合のガス流速と炎の状態を**図 3.3** に示す。ガス流速が小さい間は(a)のように安定であって，一般に輝度の高い炎を形成する。これを分子拡散炎といっている。ガス流速が増加すると，それにともなって炎の長さは増加するがある範囲で炎は不安定な揺らぎを示し，上下左右にゆるく振動する。これを過渡炎という。さらに流速を増すと輝度が減じて渦の集合のような炎となるが，炎は乱れたまま安定である。これを乱流拡散炎といい，(b), (c) に示す形状である。乱流拡散炎は振動の周期が短く，瞬間写真の結果によると (d) のような小炎が見える。

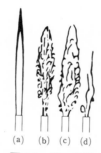

(a)　(b)　(c)　(d)

図 3.3　炎の状態

以上の分類は一般の炎にもいえる。例えば，

分子拡散炎：小噴出口，小速度の炎・ろうそく・ランプの炎

過　渡　炎：たきびの炎

乱流拡散炎：普通の工業炉の炎

　また，蒸発しやすい液体燃料を容器に入れ，その表面に点火すると炎を出して燃焼するが，これは燃料の表面から燃料の蒸気が発生し，この蒸気が燃焼しているのであり，蒸発燃焼とよばれている。

　石炭，薪のように蒸発の困難なもの，あるいは液体燃料でも分子量の大きいものでは比較的軽い炭化水素に分解したあと気化して一部分水素および炭素粒子を発生し，これらが O_2 と結合して炎を出しながら燃焼を完了する。これを

分解燃焼という。

　また蒸発燃焼も分解燃焼も行われない場合，例えば石炭，薪などで最初の炎が燃え終わったあとなどでは，空気が炭素の表面に直接ふれることにより，その表面で燃焼が起こる。これを表面燃焼（おき燃焼）という。すなわち，固体燃料は炎燃焼かおき燃焼のいずれかで燃焼するわけである。

　炎の種類は，化学的性状から分けると，酸化炎と還元炎とに分けられる。燃料を過剰空気で燃焼すれば炎の中に多量の過剰酸素を含有している酸化炎を生じ，反対の場合は過剰酸素を含まないばかりでなく，未燃分（例えばCOなど）を含み，被熱物を還元する性質のある還元炎を生ずる。

　また炎の色によって分けると重油，石炭のように白く輝く輝炎と，都市ガスなど十分な空気を送って燃焼した場合の無色の不輝炎とがある。輝炎は燃料が熱分解し，遊離した固体の炭素がしゃく熱されて光輝を発するためにできるもので，これが完全に燃焼しない場合にはすすとなる。

3.2.4 燃焼温度

　燃料が燃焼する場合に生じる火炎の温度は，燃焼が始まる位置から，考えている位置までの間の熱勘定を行うことによって求められる。

　いま，燃料の低発熱量をH_l，燃焼用空気の保有熱をQ_A，燃料の燃焼効率をη，熱損失をq_l，燃焼ガス量をG，燃焼ガスの平均定圧比熱をc_{pm}とすると，燃焼温度 t_g は次式で表される。

$$t_g = \frac{\eta H_l + Q_A - q_l}{G \cdot c_{pm}} \tag{3.23}$$

　いま，理論空気量によって完全燃焼が行われ，放熱がないと仮定すると，燃焼温度は最高値をとるが，これを理論燃焼温度という。理論燃焼温度をt_{th}で表すと式(3.23)において$\eta = 1$，$q_l = 0$，$G = G_0$，$Q_A = 0$とおくことにより次式が得られる。

$$t_{th} = \frac{H_l}{G_0 \cdot c_{pm}} \tag{3.24}$$

　しかし，理論燃焼温度は実現されることはない。なぜならば，高温（約1 600℃以上）になると燃焼生成物の一部に解離が起こり，温度は解離熱だけ差し引

かれて低くなるからである。

　燃焼条件による燃焼温度の変化を求めるには式(3.23)について考察すればよい。例えば，空気比を小さくしたり，燃焼用空気に酸素を添加したりすると燃焼温度は高くなることは，いずれの場合も燃焼ガス量が減じ，式(3.23)の分母

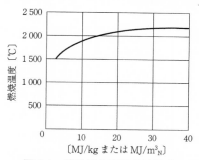

図 3.4　発熱量と理論燃焼温度

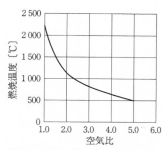

図 3.5　空気比と理論燃焼温度

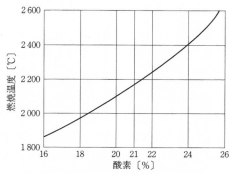

図 3.6　酸素濃度と理論燃焼温度

が小さくなることから理解される。

　図 3.4〜図 3.6 は燃料発熱量，空気比および酸素濃度が燃焼温度にどのような影響を及ぼすかを示したものである。

3.2.5 燃焼装置の容量

　燃焼室内で，単位時間当たりどれくらいの燃料を完全に燃焼できるかは，燃料の種類，状態，燃焼形式，空気の供給方式などによって異なる。燃焼装置の容量を表示する方法として，燃焼室熱発生率（熱負荷），火格子燃焼率などがある。

　これらの値はできるだけ高いほうが燃焼室が小さくなって好ましいが，燃料およびバーナの種類によって限度があり，火炉の耐熱強度からも制限される。また，微粉炭燃焼の場合は溶灰のためにある程度以上あげられないなどの制限がある。

　バーナ燃焼の場合には単位時間に，燃焼室の単位容積当たり燃焼しうる燃料の低発熱量をもって燃焼室熱発生率といい，通常〔$kJ/(m^3 \cdot h)$〕の単位を用いる。その値の一例を表 3.3 に示す。なお，燃焼用空気の予熱を行うときは，その保有熱も燃焼室熱発生率に加える必要がある。

表 3.3　燃料と燃焼室熱発生率

燃　　　　料	燃焼室熱発生率〔$MJ/(m^3 \cdot h)$〕
微　粉　炭	400〜1 200
重　　油	400〜8 000
ガ　　ス	400〜8 000

　適正な燃焼室熱発生率の値を越えて多量の燃料や空気を燃焼室に送り込んでも，不完全燃焼を生じたり，炉壁を損焼したりする。また，燃料の送入が少なすぎると燃焼室内の温度が下がり，不完全燃焼を起こすようになる。したがって，経験にもとづく燃焼室熱負荷の適正な範囲を維持することが必要である。

　固体燃料の燃焼あるいは廃棄物焼却の火格子燃焼装置では，燃焼の能力を火格子燃焼率すなわち火格子の単位面積，単位時間当たりの供給量で表し，通常〔$kg/(m^2 \cdot h)$〕の単位を用いる。燃焼率の最適値は燃料の性状（成分，粘度，灰分，湿分，反応性など），通風方法などによって変化する。燃料および燃焼

表 3.4 燃焼装置の種類と火格子燃焼率（良質れき青炭基準）

燃 焼 装 置	燃 焼 率 〔kg/(m²・h)〕	
	自 然 通 風	押 込 み 通 風
傾斜および階段火格子	150以下	150～200
散 布 式 ス ト ー カ	150以下	150～250
移 床 ス ト ー カ	100～150	150～250
下 込 め ス ト ー カ	―	200～700

装置の種類による火格子燃焼率の概略値を**表 3.4** に示す。

燃焼率の計算は H_1 を燃料の低発熱量〔kJ/kg〕，〔kJ/m³ₙ〕，G_f を燃料消費量〔kg（または m³ₙ)/h〕，V_c を燃焼室容積〔m³〕，F を火格子面積〔m²〕，A を燃料単位量当たりの空気量〔m³ₙ/kg（または〔m³ₙ/m³ₙ〕)〕，c_{pa} を空気の定圧比熱〔kJ/(m³ₙ・K)〕，t_a および t_0 を空気の予熱温度および大気温度〔℃〕とすると，

火格子燃焼率：G_f/F〔kg/(m²・h)〕（固体燃料のみ）

燃焼室熱発生率：$G_f\{H_1 + Ac_{pa}(t_a - t_0)\}/V_c$〔kJ/(m³・h)〕

で表される。

3.2.6 燃焼調節の基準

燃焼装置は表 3.4 に示したようにそれぞれ負荷の範囲がだいたい決まっているが，この負荷範囲内でも調節を誤ると燃焼効率あるいは熱利用の効率が低下する場合が多い。その燃焼調節の目安として，通常排ガスの成分が用いられる。

一般に空気比が大きいと排ガスによる熱損失が増加し，燃焼温度も低下するため空気比はできるだけ小さいほうが好ましい。しかし，ある値以下に小さくすると不完全燃焼を起こすことになる。これらの関係を**図 3.7** に示す。

図中には，排ガスの顕熱による熱損失と，未燃分による熱損失との合計熱損失が最小になる空気比を示してあるが，最近ばいじんの排出規制がとくに厳しくなっているので，地域ごとのばいじん規制値をも考慮して最適空気比を決める必要がある。

排ガス組成は燃焼における空気比を知る手がかりとなる。排ガス分析値にもとづいて空気量を調節し，空気比を適正値に保持することは燃焼調節における

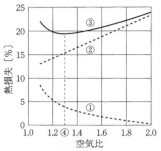

①未燃分による熱損失
②排ガスの持ち去る顕熱による熱損失
③合計熱損失
④合計熱損失が最小になる空気比

図3.7 空気比と熱損失の関係

もっとも重要な操作である。**表3.5**に適正な空気比の値と，これに対応する炭酸ガス濃度を示す。ガス燃焼において炭酸ガス濃度範囲が大きいのは，燃料ガスの組成がガスの種類によって違うためである。

表3.5 各種燃焼装置における空気比の慣用値

燃　焼　形　式	空　　気　　比	排ガス中のCO_2〔%〕
微　粉　炭　燃　焼	1.2〜1.4	11〜15
重　油　燃　焼	1.1〜1.3	11〜14
ガ　ス　燃　焼	1.1〜1.2	8〜20

　そのほか燃焼状態の良否を判断する手がかりとしては，炉内温度がある。この場合，炉内温度は熱電式温度記録計または光高温計，放射温度計で直接測定する。

3.3　気体燃料の燃焼

3.3.1　燃焼形態の分類

　気体燃料の燃焼形態はバーナ燃焼（定常燃焼）と容器内燃焼（非定常燃焼）に大別される。また，別の観点から分類すると，予混合燃焼，部分予混合燃焼，拡散燃焼に分けられる。予混合燃焼は燃料と空気とをあらかじめ混合した

うえで燃焼させるもので，火炎（燃焼波）が伝播するという特色を有する。それに対して，拡散燃焼は燃料と空気の境界で燃焼が起こるもので，その火炎には伝播性はない。部分予混合燃焼は拡散燃焼を加速するために，火炎が伝播しない程度の空気を燃料に混合しておくものである。

　さらに，火炎付近のガスの流れが層流か乱流かによって，層流燃焼と乱流燃焼に分けられる。流れが層流から乱流に変わると，火炎の性質が大きく変化し，火炎の厚みが増すとともに，予混合燃焼では火炎の伝播速度が加速され，拡散燃焼では火炎の単位面積当たりの燃焼率が増大する。

　以上，分類をまとめると**表 3.6** のようになる。

表 3.6　燃焼形態の分類

分　類　法	分　類　A	分　類　B	分　類　C
名　　称	バーナ燃焼 容器内燃焼	予混合燃焼 部分予混合燃焼 拡散燃焼	層流燃焼 乱流燃焼

3.3.2　可燃混合気の性質

　燃料ガスと空気とがある割合で混合している混合気は，加熱することによって着火し燃焼が行われる。このようなガスを可燃混合気という。可燃混合気をつくる燃料ガスと空気の割合は，燃料の種類によって異なる。可燃成分とその燃焼に関する性質を**表 3.7** に示す。

　可燃混合気をつくる燃料の濃度範囲を可燃限界といい，濃いほうの濃度限界を過濃可燃限界濃度，薄いほうを希薄可燃限界濃度という。表 3.7 から水素についてみてみると，可燃限界のきわめて広いことがわかる。

　可燃混合気の一部に着火すると燃焼が始まるが，未燃部分と燃焼している部分との境界面となる着火面は，未燃部分の方に向かって一定の速さで進行する。この現象を火炎伝播といい，静止観察者からみた火炎の進行速度を火炎伝播速度という。これに対し，火炎前方の未燃混合気に相対的な火炎伝播速度の火炎面に垂直な成分を燃焼速度という。火炎伝播速度がガスの流動や，火炎面の形状によって変化するのに対し，燃焼速度は燃料の種類や混合気の組成，温度，圧力により固有の値をもつ。

表3.7　可燃成分とその燃焼に関する性質

ガス成分	量論混合気中のガス〔%〕	可燃範囲（空気中）〔%〕		燃焼速度〔cm/s〕	燃焼速度最大の混合比〔%〕	理論燃焼温度〔K〕
		下限	上限			
水　　　　素	29.5	4.0	75.0	292	170	2 387
一酸化炭素	29.5	12.5	74.0	43	170	2 375
メ タ ン	9.47	5.3	15.0	37.4	106	2 240
エ タ ン	5.64	3.0	12.5	43.7	112	2 245
エ チ レ ン	6.52	3.141	32.061 0	75.3	115	2 375
アセチレン	7.72	2.531	80.0	156	133	2 600
プ ロ パ ン	4.02	2.2	9.5	43	114	2 250
プ ロ ピ レ ン	4.44	2.4	10.3	48.2	114	2 340
n-ブ タ ン	3.12	1.9	8.5	41.7	113	2 255
i-ブ タ ン	2.12	1.8	8.4	38.7	110	2 255
1-ブ チ レ ン	3.37	1.6	9.3	47.8	116	2 320
2-ブ チ レ ン	3.37	1.8	9.7	—	—	
i-ブ チ レ ン	3.37	—	—	41.3	114	—

　静止した混合気の中を平面状の火炎が伝播するときには，火炎伝播速度と燃焼速度は一致する。燃焼速度は単位面積の火炎面が単位時間に消費する未燃混合気の体積と考えてもよい。

　燃焼速度が燃料の種類や混合気の組成によって変化する様子を図3.8に示す。燃焼速度が最大となるのは理論混合気よりわずかに濃い濃度であって，これより希薄側でも過濃度側でも燃焼速度は低下するから，燃焼速度は濃度軸に対して放物線状になる。

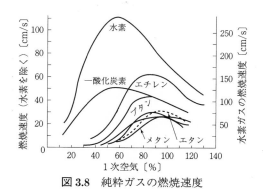

図 3.8　純粋ガスの燃焼速度

3.3.3　予混合燃焼

　可燃混合気を円筒状のバーナから吹き出して燃焼させると**図3.9**に示すような円すい形の内炎を持つ火炎をつくって燃焼する。このような火炎を予混合炎，またはブンゼン炎という。

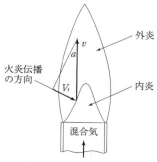

図3.9　予混合炎の構造

　予混合炎の内炎の表面は着火面となっており，混合気への火炎伝播は着火面に垂直の方向に行われる。また，この部分において混合気流速の着火面に垂直な分速度と燃焼速度が平衡して安定な火炎面を形成していることから，内炎の頂角を測定することにより混合気の燃焼速度を求めることができる。図3.9より，内炎の頂角を$2a$，混合気の流速をv，燃焼速度をV_fとすると，

$$V_f = v \sin a \tag{3.25}$$

となり，混合気の燃焼速度を求めることができる。

　混合気の流れが層流の範囲では，内炎の輪郭は明瞭で鮮明な火炎形状をつくる。この場合，内炎の火炎面は薄く，約0.1 mmの厚みである。このような火炎を層流炎という。

　これに対し，流速がしだいに速くなって乱流の範囲に入ると，**図3.10**に示すように瞬間的に内炎の表面が凸凹をもって揺れ動く。このような火炎を乱流炎という。

　乱流炎では内角の頂角の大きさを正確に求めることは困難であるが，平均の見かけの角度を求めると，その値は層流炎の場合よりも大となっていることが

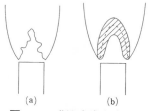

図 **3.10** 乱流定常火炎面

わかる。したがって，燃焼速度は層流炎の場合よりかなり大きな値となる。これを乱流燃焼速度という。予混合炎の外炎は，内炎の表面で燃焼できなかった残りの未燃ガスが周囲の空気中の酸素と拡散によって燃焼する拡散炎である。

予混合燃焼では，単位時間当たりの燃料ガスの燃焼量を大きくとることができ，高負荷燃焼に適するが，混合気流速が過大になると吹き飛びを起こして消炎したり，また，混合気流速が燃焼速度より小さいときは，逆火を生じる。また混合気の温度が高くなると，さらに逆火を生じやすくなるため，燃料の予熱あるいは空気予熱によって余熱利用を行うことが難しい。

予混合燃焼における吹き飛び，逆火，安定燃焼の各領域を定性的に**図 3.11**に示した。この図から，燃料濃度が大きくなるに従って，安定燃焼領域の広くなることがわかる。

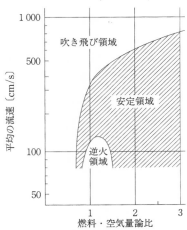

図 **3.11** プロパン・空気混合気の
安定燃焼範囲

3.3.4　層流燃焼速度の測定

　層流燃焼速度の測定法は種々考案されているが，比較的よく利用される方法は，①スロットバーナ法，②シャボン玉法，③平面火炎バーナ法，④双火炎核法，⑤ブンゼンバーナ法などである。ここでは精度のよい①と実用的な⑤の方法について簡単に説明する。

　スロットバーナ法は縦横比 3 以上の長方形ノズルから混合気を吹き出させて，テント状の火炎をつくるもので，長辺中央部での流れ模様を描くと，**図3.12** のようになる。燃焼速度は未燃混合気流の法線方向分速度 S_u であるが，

$$S_u = U_u \sin \alpha \ \text{(m/s)} \tag{3.26}$$

であるから，未燃混合気の流速 U_u〔m/s〕ならびに流線と火炎面のなす角 α を測定すれば，燃焼速度が決定できる。

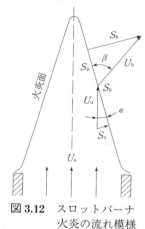

図3.12　スロットバーナ
火炎の流れ模様

　ブンゼンバーナ法においても同様の方法で燃焼速度を決定することもできるが，単位火炎面積当たり，単位時間に消費される未燃混合気の体積という，第二の燃焼速度の定義を用いて，

$$S_u = V/A_f \ \text{(m/s)} \tag{3.27}$$

から燃焼速度を決定するのが普通である。ここで，V は未燃混合気の体積流量〔m³/s〕，A_f は火炎のシュリーレン写真から回転面として計算された火炎面積〔m²〕である。この方法によると 15〜20 ％の誤差が出るが，手軽で，高い燃

焼速度の決定に便利である。

　層流燃焼速度のデータを図 3.13 に示す。横軸は量論（理論）混合比の何倍の燃料濃度かを表す当量比 ϕ である。炭化水素燃料では当量比 1.1 付近にピークがくるが，一酸化炭素や水素では 2 以上のところにきて，燃焼範囲が広い。なお，一酸化炭素は水素か水蒸気がないとほとんど燃えず，これらを少しでも加えるとよく燃えるようになる。

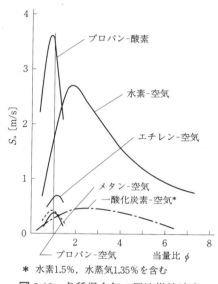

図 3.13　各種混合気の層流燃焼速度

3.3.5 拡散燃焼

　ガス燃料をバーナから吹き出し，外部の空気と接触させて燃焼を行う方法を拡散燃焼法といい，この方法でつくられる火炎を拡散炎という。拡散炎では外部の空気中の酸素が燃料ガスの流れに向かって拡散し，きわめて薄い層内で燃焼を完了して安定な火炎をつくる。燃料ガスの流速がおそいとき，すなわち層流域においては，火炎長さは流速に比例する。この場合，酸素の拡散は分子拡散であるため拡散速度は一定であるが，流速が大きくなるに従い火炎面が増大し，燃料ガスの供給と消費が平衡して安定な火炎になる。図 3.14 に拡散炎の長さの流速による変化を示す。

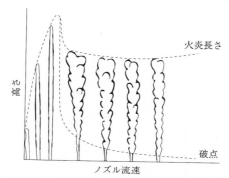

図 3.14　流速による拡散炎の形状と長さの変化

　層流域では流速の増加にだいたい比例して火炎は長くなるが，乱流域に入ると乱流拡散によって拡散速度が増大するため火炎の長さはしだいに減少する。完全乱流になると流速に関係なく火炎長さはほぼ一定になる。これは燃料ガスの供給が流速に比例して増大するのに対し，酸素の乱流拡散速度も流速に比例して大きくなり，両者が平衡になるためである。

　乱流拡散速度はまたバーナ直径にも関係し，燃料が同一であるとき，乱流拡散炎の長さとバーナ径の比は一定になることが知られている。すなわち，バーナ断面が相似形であれば，火炎形状も相似になる。静止大気中の乱流拡散炎の高さとノズル径の比はおおよそ一酸化炭素 80，水素 140，都市ガス 130，アセチレン 175，プロパン 300 である。

　拡散炎は予混合炎に比べて，①炎が安定で，ガス量や空気量の調節範囲は広く，逆火の危険がない，②低品位ガスでも炎の吹き飛びが起こりにくい，③ガスの高温予熱ができる，などの利点がありガラス溶解炉，平炉，大型ボイラ，ガスタービン燃焼器などに利用されるが，開放大気中ではきわめて小さい炎以外は不完全燃焼を起こしやすい欠点がある。

3.4　液体燃料の燃焼

3.4.1　燃焼方式の分類

　液体の燃焼と気体の燃焼との大きなちがいは，液体の場合は可燃性混合気の

生成にさきだって蒸発，拡散，熱分解などの過程を必要とするので，多くの場合，気相−液相間の界面が重要な役割を果たす点にある。一般にこの種の燃焼形式は不均一系の燃焼とよばれ，全体としての燃焼速度が化学反応以外の物理的過程に支配され，またそれらの過程に影響する因子も多いので現象は複雑である。

　液体燃料の燃焼方式には，液面燃焼，灯心燃焼，蒸発燃焼，噴霧燃焼の4つの方式がある。

　　液面燃焼：火炎から燃料表面にふく射や対流で熱が伝えられて蒸発が起こり，発生した蒸気が液面上で燃焼するもので，火災時に多くみられる。

　　灯心燃焼：布やひもで液だめから燃料を吸い上げ，火炎からの対流伝熱やふく射伝熱によって蒸発させて，燃焼させる。ランプやストーブに使われる。

　　蒸発燃焼：火炎や電気で加熱される蒸発管や蒸発器の内部で液体燃料を蒸発させ，気体燃料と同様に燃焼させるものである。家庭用暖房器に多用されるが，ガスタービンの蒸発形燃焼器のような工業的応用例もある。また，最近では予蒸発・予混合形燃焼器といって，噴霧をあらかじめ蒸発させてから燃焼させるガスタービン燃焼器も考えられる。

　　噴霧燃焼：噴霧器によって液体燃料を数 μm～数百 μm の油滴に微粒化し，蒸発表面積を飛躍的に増加させて燃焼させるもので，工業的にはこの方法がもっとも多く利用される。

　以下に噴霧燃焼について述べる。

3.4.2　液体燃料の微粒化

　微粒化とは液体燃料を微細な油滴に粉砕して，単位質量当たりの表面積を増加させるとともに，油滴の分散，周囲空気との混合を行わせるもので，噴霧燃焼の最初の重要な段階である。微粒化には，単純噴孔噴射弁，渦巻噴射弁，二流体噴射弁，回転体噴霧器，回転噴孔噴霧器，衝突式噴霧器，超音波噴霧器，静電式噴霧器のような種々の方法が用いられる。

　このうち，工業的によく用いられるのは，単純噴孔噴射弁，渦巻噴射弁，二流体噴射弁，回転体噴霧器である。

　油の霧化の望ましい状況は，①油滴の径がなるべく小さいこと，②粒度分布が少なく，なるべく粒子径のそろっていること，③噴霧の開き角は，加熱の目的に沿って適切であること（ある程度広角のほうが火炎の安定がよい），④バーナ軸に直角な面上での噴霧流量分布がなるべく一様であること，などである。

　重質油は，一般に予熱して使用されるが，これは油の粘度を低下させ，流体としての輸送特性を改善するために効果があるが，同時に微粒化を助ける作用がある。バーナのチップから噴出された油は，まずひも状あるいは膜状にひろがり，さらに分裂して油滴になる。第1段でなるべく薄い油膜，あるいは細いひも状となることが，微粒化の目的を達するうえから望ましいが，これには粘度の低いことが必要である。また第2段で油滴になる場合，表面張力の小さいほど微粒化しやすい。

　液体粒子が，その周囲を流れる気体との間の相対速度によって，さらに分裂するための条件は，実験により次の範囲にあることが知られている。

$$\frac{\rho w^2 r}{\sigma} > 10.7 \tag{3.28}$$

　ここで，ρは気体の密度〔kg/m³〕，wは相対速度〔m/s〕，rは液滴の半径〔m〕，σは液の表面張力〔N/m〕である。この式から，液の表面張力の小さいほど，また相対速度の大きいほど，細かい粒子の得られることがわかる。

　バーナから吹き出される噴霧は，微細な油滴と空気との混合気であり，全体としては燃料ガスの予混合気と同様に，火炎伝播特性を示す。火炎の周縁および先端では，しゃく熱した輝炎となって燃焼するが，その中心部分では比較的温度の低い状態で乾留が行われる。これは，火炎周縁の高温燃焼部で酸素の消費が急速に行われ，内部は酸素不足の状態になるためである。

　火炎内部における油滴の乾留によって発生する炭化水素ガスは，拡散して火炎表面で酸素を得て燃焼する。乾留によって生じた微粒のコークスは，火炎先端部で空気と混合して燃焼する。ただし，この微粒コークスは800℃以上の温度でないと燃焼が進行しないから，数分の1秒程度の短時間に燃え切れない

と，すすとして放出される。これが残炭型のすすといわれるものである。油滴が小さければ，乾留によって生じるコークス径も小さくなるのですすを生じない。一般のバーナ噴霧における最大油粒の径は $300\,\mu\mathrm{m}$ 程度であるが，$100\,\mu\mathrm{m}$ 以下であれば残炭型のすすはほとんどなくなる。

　火炎周縁で燃焼する分解ガスも輝炎となって燃焼するから，微細な炭素粒子を発生しているわけである。このすすは，気相反応型のすすといわれるもので，粒子径 $0.1\,\mu\mathrm{m}$ 程度の微細なものであるから，短時間に燃え切れて，実際上すすとして放出されることはない。

3.5　固体燃料の燃焼

3.5.1　固体燃料の燃焼形態と燃焼方式

　固体燃料の燃焼形態としては，蒸発燃焼，分解燃焼，表面燃焼，いぶり燃焼の4つの形態がある。

　蒸 発 燃 焼：比較的融点の低い固体燃料が燃焼に先立って溶融し，液体燃料と同様に蒸発して燃焼する現象で，蒸発温度が熱分解温度より低いときに生じる。

　分 解 燃 焼：蒸発温度よりも分解温度のほうが低い場合に，加熱によって熱分解を起こし，揮発しやすい成分が表面から離れたところで燃焼する現象をいう。

　表 面 燃 焼：揮発分をほとんど含まない木炭やコークス，分解燃焼後のチャー（残炭）でみられる現象で，酸素または酸化性ガス（CO_2 など）が固体表面や内部の空げきに拡散して燃焼反応を起こす。

　いぶり燃焼：熱分解温度の低い紙のような物質で，熱分解で発生した揮発分が点火されないで多量の発煙をともなう現象をいう。煙を強制点火するか，煙の発火点より温度が上がると有炎燃焼に移る。

　石炭は炭質と揮発分含有率によって異なるが，10～70％が分解燃焼を行い，残りが表面燃焼を行う。石炭粒子を高温雰囲気下に投入すると，まず熱分解を起こして熱分解生成物である揮発分を放出する。この放出量と放出時間は雰囲

気温度，ひいては粒子の温度上昇に左右される。

　石炭粒子の燃焼速度を決めるものは揮発分と空気との混合速度，ならびに揮発分の化学反応速度である。混合速度は揮発分が石炭粒子の数箇所から噴出してくるのか，粒子全体から層状にしみだしてくるのかによって異なる。揮発分が球形の石炭粒子から一様にしみだして粒子を取り巻き，周囲空気との境界で酸素の拡散速度に律速されて燃焼すると仮定すると，**図 3.15** のような計算結果が得られる。実際には噴流状に噴出する揮発分も多いので，燃焼時間はこれよりも短い。

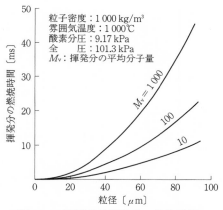

図 3.15　石炭粒子揮発分の燃焼時間

　揮発分の多い低質石炭ではすすが生成しやすいことが知られているが，すすの生成は微粉炭の粒子密度が高く，揮発分が急速に放出されて酸素不足を生じじたときに起こりやすい。しかも，火炎からのふく射がかなり関係するといわれている。

　分解燃焼期も終わりに近づくと，揮発分の酸素消費率が低下して，酸素が石炭粒子の表面にまで拡散するようになり，固定炭素と灰分からなるチャーの表面燃焼が開始される。また，酸素が表面に達しなくても，炭酸ガスや水蒸気との反応によってチャーのガス化は起こるので，分解燃焼と表面燃焼とはつねに並行して起こる。

　チャーやコークスは 1〜1.5 % の水素を含んだ固定炭素を主成分とし，相当量の灰分を含んだ多孔物質である。チャーの表面に酸素が拡散してくると，表

面で反応を起こすと同時に，気孔を通じて酸素が内部に拡散し，気孔内部でも反応を起こす。また，雰囲気温度が高く，分解燃焼期の熱分解が激しいと，粒子内部に多数の空洞を生じ，チャーの表面反応が進んで空洞が露出すると，表面積が急増する。

粒子表面での表面反応と，境界層もしくは周囲流中で起こっている気相反応は次のとおりである。

(表面反応) $C + O_2 \rightarrow CO_2$

$C + 1/2\,O_2 \rightarrow CO$

$C + O \rightarrow CO$

$C + CO_2 \rightarrow 2\,CO$

$C + H_2O \rightarrow CO + H_2$

(気相反応) $CO + 1/2\,O_2 \rightarrow CO_2$

$H_2 + 1/2\,O_2 \rightarrow H_2O$

$CO + H_2O \rightarrow CO_2 + H_2$

固体燃料の燃焼方法としては，火格子燃焼，流動層燃焼，微粉炭燃焼がある。

火格子燃焼：火格子とよばれる格子の上に固体燃料の固定層をつくり，これに空気を通して燃焼させるものである。

流動層燃焼：耐火性物質（砂など）と固体燃料との比較的細かい混合粒子層（燃料割合数％以内）の下から空気を吹き込むことにより，沸騰状態に似た運動をする流動層を形成させ，比較的低温で燃焼させる方法である。

微粉炭燃焼：粉砕機で粉砕された微粒子を，1次空気と混合してバーナから吹き出させ，浮遊状態で燃焼させる方法である。

火格子燃焼，流動層燃焼，微粉炭燃焼等については第4章で詳述する。

3 章の演習問題

＊解答は，p. 133 参照

［演習問題 3.1］

次の文章の ☐☐☐☐ の中に入れるべき適切な字句を解答例にならって答えよ。
（解答例　29―平均粒径）

(1)　気体燃料の燃焼方式は ☐1☐ 燃焼と ☐2☐ 燃焼に大別される。前者は定常な ☐3☐ 火炎をつくることを目的としており，後者は移動または伝播する火炎によって容器内に封入された ☐4☐ を燃焼させることを目的としている。

　　さらに，燃焼方式を別の観点から分類すると，☐5☐，☐6☐，☐7☐ に分けられる。☐5☐ は ☐8☐ と ☐9☐ とを均質に混合したうえで燃焼させるもので，火炎が予混合気中を自力で伝播するのが大きな特色である。それに対して ☐7☐ は ☐10☐ と空気流との境界で燃料と ☐11☐ とが接触することによって燃焼するもので，この火炎には伝播するという性質はない。

　　☐6☐ は両者の中間に位置し，燃料を可燃範囲外の過濃混合気で置き換えたものである。

(2)　液体燃料の燃焼方式は次の 4 種類に分けられる。

　　☐12☐ 燃焼は，火炎から放射や対流で燃料表面に熱が伝えられて蒸発が起こり，発生した蒸気が空気と接触して液面の上部で ☐13☐ 燃焼を行うものである。燃料容器を上向き空気流中に置く ☐14☐ 燃焼，油面と平行に空気を流す境界層燃焼，油面と平行に火炎が伝播する ☐15☐ 燃焼がある。

　　☐16☐ 燃焼は，木綿やガラス繊維の太ひも，または厚布によって ☐17☐ 現象により液だまりから液を吸い上げ，火炎からの ☐18☐ や放射伝熱によって蒸発させて燃焼させるものである。

　　☐19☐ 燃焼は，火炎によって加熱される蒸発管の内部で液体燃料を蒸発させ，気体燃料と同様に燃焼させるものである。

　　☐20☐ 燃焼は，液体燃料を数 μm〜数百 μm の油滴に ☐21☐ し，蒸発表面積を飛躍的に増加させて燃焼させるもので，工業的にはこの方法がもっとも多く利用される。

(3)　固体燃料の燃焼方法として，| 22 |，| 23 |，| 24 | がある。| 22 | は | 25 | の上に固体燃料の固定層をつくり，これに空気を通して燃焼させるものである。| 23 | は | 26 | と固体燃料との比較的細かい混合粒子層の下から空気を吹き込むことにより沸騰状態に似た運動をする | 27 | を形成させ，比較的 | 28 | 温で燃焼させる方法である。| 24 | は粉砕された微粒子を，1次空気と混合してバーナから吹き出させ，浮遊状態で燃焼させる方法である。

4章
燃焼装置

4.1　気体燃料燃焼装置

4.1.1　気体燃料供給系

　気体燃料の供給系は貯蔵設備，ガス圧力やガスの流量を調節する調整弁，制御装置，配管およびバーナなどで構成される。**図 4.1** に気体燃料燃焼装置の構成例を示す。

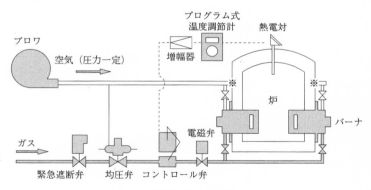

図 4.1　気体燃料燃焼装置の構成

（1）　貯蔵装置

　製造されたガスは，いったん貯蔵設備（タンク）に貯えられる。ガスの貯蔵方式としては，ほぼ常圧で貯蔵する方式と数気圧の加圧下で貯蔵する方式があり，前者の場合は通常円筒形タンクを用い，後者の場合は球形タンクを用い

る。

　LPGは液体で貯蔵され円筒形タンク，球形タンク，横置きの円筒形タンクあるいはボンベに詰めて貯蔵される。LPGを液体から気体にするのに外気の熱を利用して自然蒸発させる場合もあるが，ガスの使用量が多いときには水蒸気，温水，電気などを熱源として用いた蒸発器を使う。

（2）　ガバナ

　ガスを供給するとき，バーナ側（2次側）圧力は必ず供給側（1次側）の圧力より低く設定して使用する。これにより，供給側圧力が変動してもバーナ側圧力を一定に保つことができる。このとき2次側のガス圧力を一定に保持するのに使われる制御器がガバナである。ガバナには高圧用，中圧用，低圧用がある。**図4.2**に器具ガバナの構造を示す。

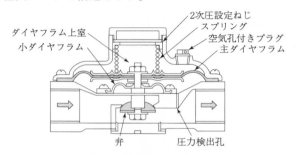

図 4.2　器具ガバナの構造

（3）　昇圧器（ガスブースタ）

　ガスを一時的に多量に供給する場合，ガスブースタによってガスの圧力を上げて供給することがある。

　ガスをブースタ内に吸引し昇圧し，自動圧力調整装置によって流出圧力を一定にして供給している。ガスの出口側圧力が異常に高くなったときは，自動的にバイパスが開き圧力を調整するようになっている。

（4）　制御装置

　ガス量と空気量の比を一定に保つ空気比例制御方式としては，図4.1に示すように均圧弁によってガス圧力を空気圧に等しくなるように制御する均圧弁方式や，**図4.3**に示すようにベンチュリーにより空気流にガスを（または，ガス流に空気を）吸引させるベンチュリーミキサ方式などがある。前者は拡散燃焼

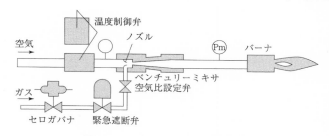

図 **4.3**　ベンチュリーミキサ方式

形バーナに，後者は予混合形バーナに適用される。

4.1.2　各種ガスバーナ

　ガス燃焼に使用するバーナは，ガスと空気の混合方式によって大別すると，燃料のみがバーナ内部を通りバーナ先端から出たあとで燃焼用空気と混合して燃焼する拡散燃焼方式と，空気とガスを混合したものをバーナから噴出して燃焼させる予混合燃焼方式の2方式がある。

（1）　拡散燃焼ガスバーナ

　拡散燃焼ガスバーナは，ガスおよび燃焼用空気をそれぞれ別の噴孔から噴出させ，両者の接触面でガスと空気を乱流拡散および分子拡散によって混合燃焼させるもので，逆火の危険なしに燃焼量を広範囲に調節でき，また，予熱空気も使用できることから工業用ガスバーナとしてもっともよく用いられている。ただ燃焼の反応速度は予混合に比べて小さく，炭素生成が多いため輝炎とな

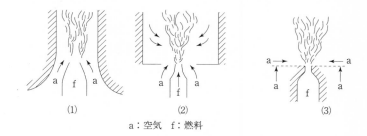

a：空気　f：燃料

図 **4.4**　拡散炎の基本的形式の使用例

り，すすが発生しやすい。拡散炎の基本的形式の使用例を**図 4.4** に示す。拡散燃焼方式のバーナはポート形とノズル形に分けられる。

(a)　ポート形バーナ

断面積の広いポート（噴孔）を有する耐火れんが製のバーナで，燃焼用空気と燃料ガスの予熱ができる。**図 4.5** は耐火れんが材料でつくられた高温予熱のできるポート形バーナの例で，蓄熱室で予熱された空気とガスが，上下に分けられた吹出し孔より炉内に噴出し燃焼する。

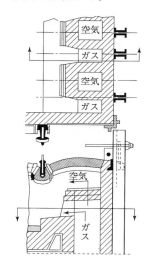

図 4.5　蓄熱式加熱炉のポート

この形のバーナは平炉やガラス溶解炉，コークス炉などに使用される。

(b)　ノズル形バーナ

ノズル形バーナは，ガスを噴出させる簡単な構造のノズルと，燃焼用空気を旋回させるためのエアーレジスタ（空気旋回器）から成る。ノズルの形状によりガン形，リング形，マルチスパッド形などがある。これらのバーナは中心に重油バーナを配置すれば，ガス・重油混焼バーナとなる。それらの例を**図 4.6，4.7，4.8** に示す。

ガスはリング状の燃料管の内側やガンの先端に加工された多数の小孔から炉内に向かって噴出し，バーナタイル内でレジスタからの旋回空気と混合され

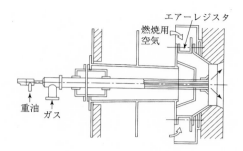

図 **4.6** ガン形ガスバーナ

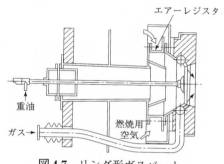

図 **4.7** リング形ガスバーナ

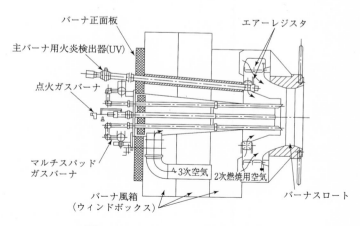

図 **4.8** マルチスパッド形ガスバーナ

る。噴孔の径，個数，配置，角度などを変えることにより燃焼室の形状に適合した炎で燃焼させることができる。

ガン形，マルチスパッド形は比較的高圧（0.1～0.25〔MPa〕）のガス用バーナとして用いられ，リング形は低圧のガス用バーナとして用いられる。

(c) 低 NO_x タイプ（ノズル形バーナ）

ノズル形バーナには低 NO_x タイプのものが種々ある。低 NO_x バーナは，2段燃焼法，排ガス再循環法，濃淡燃焼法などの NO_x 抑制技術を単独にまたは組み合わせて適用したものである。

①2段燃焼式バーナ：通常の燃焼では，空気比1.0～1.2の範囲で NO_x が最大になるので，この空気比の範囲をさけて燃焼する方式である。各バーナ部では空気比を例えば0.8～0.9のような低空気比で燃焼させ，その下流に残りの空気を導入して完全燃焼させる方法を2段燃焼法という。一般に，大容量バーナには適用されていない。

②局所排ガス混入式バーナ：燃焼排ガスの一部をファンにより昇圧し，火炉入口の燃焼用空気中に混入し，燃焼反応域のピーク温度を下げることによって NO_x を抑制する方式を排ガス循環法という。局所排ガス混入式バーナは，排ガスの一部を燃焼用空気とは別系統でバーナに導入し，燃料噴射ノズルの周辺に集中的に噴出する。

③濃淡燃焼式バーナ：2段燃焼法では，すべてのバーナを理論空気量以下で燃焼させるのに対して，濃淡燃焼法では多数のバーナを二分して理論空気量以下で燃焼させるものと，空気過剰域で燃焼させるものに分けて NO_x の生成を抑制する。

（2） 予混合燃焼ガスバーナ

予混合燃焼ガスバーナは，燃焼用空気の一部（1次空気）と燃料ガスを予混合してノズルから噴出させ，残りの必要な空気を2次空気として供給する部分予混合方式と，燃焼に必要な空気の全量を燃料ガスと完全に予混合し，2次空気を必要としないで燃焼させる完全予混合方式の2つに大別される。

(a) 部分予混合ガスバーナ

部分予混合ガスバーナは大気圧ガスバーナともいい，空気の予混合には普通ベンチュリー管を使用し，ガス圧の持つ動圧エネルギーによって1次空気を大

気中から吸引する。予混合される空気の量は全燃焼空気の 30～80 ％程度で，この予混合空気量の調節によって炎の長さや輝度を変えることができる。また予混合によってほとんどの場合，可燃混合気が形成されるので逆火に対する配慮が必要である。**図 4.9** に大気圧ガスバーナの原理を，**図 4.10** に管形加熱炉に使用される大気圧ガスバーナを示す。

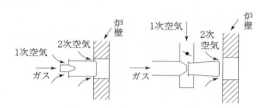

図 4.9　大気圧ガスバーナの原理

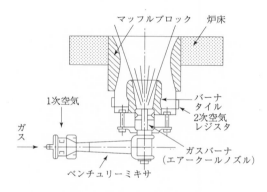

図 4.10　大気圧ガスバーナ

⒝　完全予混合ガスバーナ

　完全予混合ガスバーナは，燃焼用 2 次空気を必要とせず不輝炎による急速燃焼が可能なバーナである。ガスと空気の混合比率を調節すれば，必要な炉内雰囲気をつくり出すことができる。急速な燃焼が行われるため，燃焼室を小形とすることができ，高温が得られるため高熱炉や雰囲気炉用バーナとして適している。この形式のバーナでは，バーナ内で可燃混合気が形成されているので逆火に対して十分な配慮が必要である。

　ガスと燃焼用空気の混合には，各バーナごとに独立した混合器をもつもの

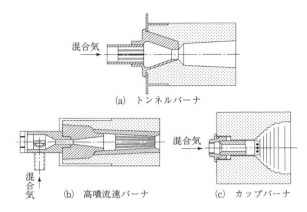

混合気

(a) トンネルバーナ

混合気

混合気

(b) 高噴流速バーナ   (c) カップバーナ

図 4.11 完全予混合ガスバーナ

と，集合式の混合器から混合気を供給するものとがある。**図 4.11** に集合式の
混合器をもつ完全予混合ガスバーナを示す。

4.2 液体燃料燃焼装置

4.2.1 液体燃料供給系

　液体燃料の燃焼装置として，工業的にもっとも広く使用されているのは重油
燃焼装置である。重油の燃焼は窯炉，加熱炉，ボイラなどの燃焼室に油バーナ
で燃料を霧化噴射し，空気と混合させて燃焼を行う噴霧燃焼である。そのほか
に小型の燃焼器として灯油，軽油を燃焼する蒸発式燃焼装置がある。

　一般的な重油燃焼装置の燃料供給系は，**図 4.12** に示すように燃料貯蔵タン
ク，給油タンク，油ろ過器，油加熱器，油ポンプ，油量調整弁，油バーナおよ
びこれらをつなぐ配管などから構成されている。

（1） 油タンク

　油タンクには貯蔵用タンク（ストレージタンク）とバーナへ油を供給する給
油タンク（サービスタンク）の2種類がある。

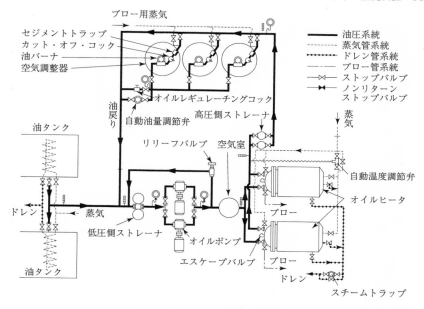

図4.12　重油燃焼装置の構成

　貯蔵タンクには長期間の消費に十分間に合う量の燃料を貯蔵しておくことが必要であり，貯蔵量は1週間分から長くて1か月分ぐらいである。これに対し，給油タンクは2〜10時間程度使用できる燃料を貯える小容量のもので，油バーナの近傍に設置する。重質油の場合は粘度が高くそのままでは送油できないので，タンク内に設けた加熱器によって油を加熱する。通常水蒸気を熱源として加熱するが，小容量タンクでは電気加熱による場合もある。

（2）　油ろ過器（オイルストレーナ）

　油ろ過器は異物混入によるバーナノズルの閉そくや断続噴霧による不安定燃焼を防止し，さらに流量計や油ポンプの保護のために必要である。ポンプ吸込み側と流量計入口側に設置し燃料中の異物を除去する。油ろ過器には単式および複式（切替え使用可能なもの）があり，最近ではろ過器の詰まりによる圧力損失の増加を抑制するため，金網洗浄を回転式スクレーパなどにより連続的に行わせる自動洗浄ろ過器もある。図4.13に油ろ過器の一例を示す。

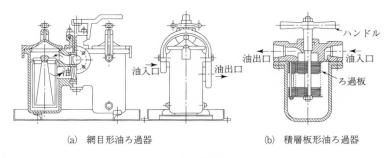

(a) 網目形油ろ過器　　　　　　(b) 積層板形油ろ過器

図4.13　油ろ過器

（3）　油加熱器

重質油を燃料とする場合，バーナに送る燃料の温度を調節し適当な粘度にし，霧化を良好にするため油加熱器を設ける。水蒸気を熱源とする加熱器が広く使われているが，小容量のものでは電気加熱を使用することもある。

（4）　油ポンプ

油ポンプには，燃料油を貯蔵タンクから給油タンクへ移送するための低圧の供給ポンプと，バーナ手前に設け噴霧に適した圧力まで昇圧するための噴燃ポンプの2つがある。バーナ形式により噴霧圧が異なるため噴燃ポンプは，それぞれのバーナに適したものを選ぶことが必要である。

油ポンプの形式としては，通常スクリューまたはギアー（歯車）を用いた定容積形ポンプとタービン形の遠心ポンプなどがある。

（5）　配　管

重質の燃料油の場合には配管を加熱・保温して温度の低下を防ぐ。加熱は水蒸気や温水を流した細管を抱かせる方式が多く用いられているが電気加熱による方式もある。

（6）　調節弁

調節弁には，炉の負荷に応じた燃料量を供給するための流量調節弁，ポンプ出口の油圧を調節する圧力調整弁，油加熱用水蒸気を調節する加熱温度調節弁やインターロック用の燃料油遮断弁などがある。

4.2.2　各種油バーナ

　油バーナは霧化方式によって油圧噴霧式，回転式，流体噴霧式に分類される。さらに流体噴霧式は，霧化媒体の圧力によって高圧気流形と低圧気流形に分類される。これらのバーナの性能と特徴を示すと**表 4.1**のようになる。噴霧式以外には蒸発式があるが，灯・軽油などの良質燃料にしか使用できず，始動性，負荷応答性がよくないことから工業用にはほとんど用いられない。

表 4.1　油バーナの特徴

バーナ形式		油圧〔MPa〕	噴霧媒体		容量〔L/h〕	特徴	主な用途
			種類	圧力〔MPa〕			
油圧噴霧式		0.6〜3.0	なし	—	30〜3 000	広角の火炎，油量調節範囲が狭い	大型ボイラ
流体噴霧式	高圧気流形	0.15〜0.5	蒸気または空気	0.4〜2.1	2〜2 000	狭角の長炎，油量調節範囲が広い	連続加熱炉，セメントキルンなどの高温加熱炉
	低圧気流形	0.13〜0.15	空気	0.104〜0.106	2〜300	比較的狭角の短炎	小型加熱炉
回転式		0.13〜0.15	機械的遠心力と空気	0.103〜0.104	5〜1 000	比較的広角の火炎	中・小型ボイラ

（1）　油圧噴霧式

　燃料油に高い圧力をかけ，バーナチップ内にある渦巻室で高速旋回を与え，ノズル小孔より噴射させて燃料油を霧化する方式のバーナである。この油圧噴霧式油バーナには供給した燃料油の全量を噴射させる非戻り油形と，供給した燃料油の一部を戻り孔から戻す，戻り油形とがある。

　(a)　非戻り油形

　図 4.14に非戻り油形油圧噴霧式油圧バーナの構造を示す。ノズルチップの底面には，旋回室の周囲に接線状にスリットが切られており，燃料油はこのスリットを通って旋回力を与えられ，噴孔より円すい上に噴霧される。

　噴霧量の調節は油の供給圧力を変化させることによって行うが，噴霧油量の

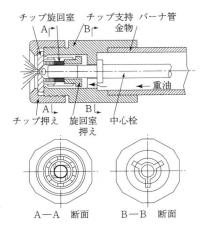

図 **4.14**　非戻り油形油圧噴霧式油バーナ

少ない場合は供給圧力も低くなって噴霧状況が悪化し燃焼が不安定となる。こ
のため油量調節範囲は狭い。この形式のバーナで油量調節範囲を大きくとるに
は，バーナ使用本数を増減するか，孔径の異なるバーナチップに交換する方法
が普通である。このバーナは構造が簡単であり，大容量のものの製作が容易で
ある。大型ボイラ，セメントキルンなどに使用例が多い。

　(b)　戻り油形

　噴霧油量の変化にともなって噴霧状態が変化するのを防止するために，バー
ナに供給した油の一部をバーナ先端部に設けた戻し孔を通して戻しながら噴霧
油量の調節を行う方式である。燃料供給側の圧力を一定にし，戻り側の圧力を
調節弁によって変化させ，燃焼量をこえる供給量をポンプ吸込み側に戻すこと
によって燃焼量が調節されるため，安定して霧化がなされる。構造が簡単なの
で広く用いられている。**図 4.15** に戻り油形油圧噴霧式油バーナの構造を示す。

（2）　回転式

　回転力を利用して油を霧化するバーナで，一般にロータリーバーナとよばれ
ている。**図 4.16** に電動機直結式の回転式油バーナを示す。

　燃料は電動機によって 3 000 rpm 以上の高速回転をする中空軸に供給され，
燃料チップからカップ内面に沿って流れ旋回液膜として流出する。一方，霧化
用空気は中空軸に取り付けられたファンによって，液膜とは逆の旋回を与えら

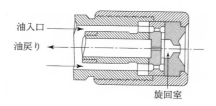

油入口

油戻り

旋回室

図 4.15　戻り油形油圧噴霧式油バーナ

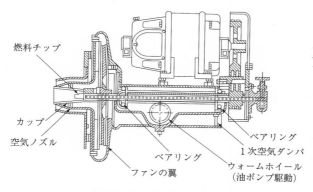

燃料チップ

カップ

空気ノズル

ファンの翼

ベアリング

ベアリング
1 次空気ダンパ
ウォームホイール
（油ポンプ駆動）

図 4.16　回転式油バーナ

れ，高速で吹き当たり燃料を微粒化させる。霧化用空気は全燃焼空気量の 20 ％以下であり，送風圧も数 kPa 程度でよい。燃焼量は油圧を変化させて調節するが，油圧が霧化に影響を与えないため，燃焼量の調整範囲が広い。このバーナは小型の燃焼装置で用いられることが多い。

（ 3 ）　流体噴霧式

　流体噴霧式油バーナは液体燃料の霧化を圧縮空気あるいは水蒸気によって行う噴霧式バーナで，粘度の高い燃料油も良好に微粒化させることができる。

　流体噴霧式油バーナは噴霧媒体の圧力によって高圧気流形と低圧気流形に分けられる。

　(a)　高圧気流形流体噴霧式油バーナ

　高圧気流形バーナは燃料油と噴霧媒体が混合する場所によって内部混合形と

外部混合形に分けられる。

①内部混合形：**図4.17**に示すようにバーナの中央を流れてきた燃料油は、バーナ先端手前にある混合室で外側を通る水蒸気と合流し、十分に混合されて噴出孔から噴射される。この噴射の際、混合気は急激に膨張して微粒化される。この形のバーナは油圧噴霧式油バーナより使用圧力が低くても油の微粒化がよい。噴霧媒体に水蒸気を使用した場合、混合室において油が加熱されるので比較的粘度の高い燃料油も使用可能である。

②外部混合形：**図4.18**に示すように、燃料油と霧化用媒体の混合がバーナの出口で行われる形式のバーナである。2重管の内管内を霧化用媒体が通り、内管と外管の間を燃料油が通る構造になっており、バーナ先端外部で高速の霧化用媒体により微粒化される。

　高圧気流形バーナの霧化用媒体量は空気の場合、理論空気量の数％、水蒸気では燃料量の20～60％程度（体積比）である。

(b)　低圧気流形流体噴霧式油バーナ

　高圧気流形と同じく、霧化用媒体により微粒化させる形式のものであるが、

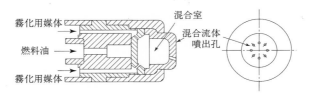

図4.17　内部混合形バーナ

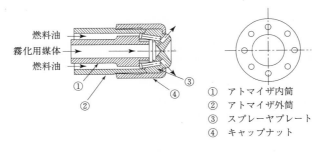

① アトマイザ内筒
② アトマイザ外筒
③ スプレーヤプレート
④ キャップナット

図4.18　外部混合形バーナ

低圧の空気を用いる形式のバーナである。

　図 4.19 に示すように，微粒化が行われる位置はバーナ先端部出口である。低圧空気形バーナには非連動式と連動式の 2 種類があり，前者はバーナへ霧化に必要なだけの空気を送り，燃焼用空気量はこれとは別に供給する方式であり，後者は燃焼用空気もバーナに供給し空気量と燃焼量を同時に連動させて調節する方式である。

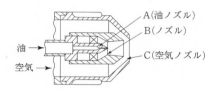

図 4.19　低圧気流形流体噴霧式油バーナ

　霧化用空気は燃焼に必要な空気量の 30～100 ％である。

4.2.3　燃焼用空気供給系

　燃焼用空気の供給系としては，良好な燃焼状態をつくり出すための空気の調整装置であるエアーレジスタと，燃焼に必要な空気を供給するとともに燃焼ガスの排出を行う通風とがある。

（1）　通風方式

　火炉の中で燃料を燃焼するには，燃焼用の空気を連続的に炉中に送り込むと同時に，燃焼排ガスを炉の外へ導き出さなければならない。このような空気と燃焼ガスの流れを通風という。気体・液体燃焼装置における燃焼用空気の供給方式には，煙突の通風力のみによる自然通風と，送風機などによる強制通風がある。強制通風方式はさらに押込み通風，誘引通風，平衡通風の 3 方式に分けられる。

　(a)　自然通風方式

　煙突の通風力のみによるもので，炉内は負圧になる。構造は簡単であるが，気象の影響を受けて通風量が変動することがある。

　(b)　押込み通風方式

　送風機を用いて燃焼用空気を供給する方式で，炉内は正圧となる。

(c) 誘引通風方式

煙道の途中に排風機を設けて，排ガスを強制的に吸引するもので，炉内は負圧となる。

(d) 平衡通風方式

押込み送風機と排風機を併用したもので，炉内圧は大気圧あるいは大気圧よりごくわずか低いくらいになるよう調節される。通風抵抗の大きい大型設備で用いられることが多い。

（2） エアーレジスタ

エアーレジスタは，バーナから噴出された燃料と燃焼用空気を効果的に混合させて火炎の安定を図ると同時に，バーナへの燃焼用空気量を調節する機能をもつもので風箱，レジスタベーン，保炎器，バーナタイルなどで構成されている（**図 4.20**）。

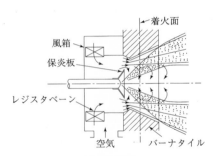

図 4.20 燃焼用空気供給系の構成

(a) 風　箱

風箱はウィンドボックスともよばれ，押込み通風あるいは平衡通風の場合にバーナを取り付ける壁面に設けられる密閉した箱で，風道からの空気を受け入れて，炉内に送る空気の流れを一様で対称的にする。

(b) レジスタベーン

燃焼用空気は燃料との混合を促進させるため，レジスタベーンによって旋回が与えられる。レジスタベーンは固定式のものと可変式のものがある。可変式のものはベーン開度の調節により火炎形状をある程度制御することができる。

(c) 保炎器

(a)　軸流式　　　(b)　半径流式　　　(c)　混流式

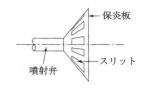

図 **4.21**　保炎器（スワラタイプ）　　図 **4.22**　保炎器（バッフルタイプ）

保炎器は火炎が吹き消えないように火炎を安定させる機能があり，スワラタイプとバッフルタイプがある。スワラタイプは**図 4.21** に示すように旋回羽根によって空気に旋回を与え，循環流を発生させる。

バッフルタイプは**図 4.22** に示すように保炎板形式のものである。

(d)　バーナタイル

バーナタイルは，燃焼用空気が燃焼室に入る部分を構成する耐火物の壁のことであり，バーナの形式に対応することによって常に安定した火炎をつくるように設けられる。バーナタイルの内面は円すい状になっており，燃焼室へ向かって広がっている。この円すい角度と火炎の開き角度とが適切に設定されることにより燃料と燃焼用空気の混合が促進され，火炎の形状も安定する。

4.2.4　低 NO_x 燃焼法

油燃焼における NO_x 抑制対策としては，一般に低 NO_x バーナ，２段燃焼，排ガス再循環，濃淡燃焼，水または水蒸気噴射，炉内脱硝燃焼などがある。

また，低空気比での運転やバーナの調整など，運転管理による対策もとられる。

（1）　低 NO_x バーナ

低 NO_x バーナは，①燃料と空気の拡散混合を緩慢にする，②非化学量論的燃焼を促進する，③火炎の熱放射を促進する，を基本としたバーナチップ，エアーレジスタ，バーナ配列などが用いられる。

図 4.23(a)に示すように，流体噴霧式油バーナの標準チップは円周上に等間隔に噴射孔が配置されている。同図(b)に示す低 NO_x 形バーナチップでは，噴射孔を対称位置に集中させた構造とし，バーナ近くで燃料の分布に濃淡をつく

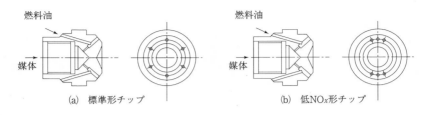

図 4.23　流体噴霧式油バーナのチップ

り燃料過剰炎と空気過剰炎を形成させて，非化学量論的燃焼を行わせる。

（2）　2段燃焼

　燃焼用空気を2段階に分けて供給し，1段目において空気比が1以下（通常 0.8〜0.9）で燃焼させ，その下流の2段目で不足分の空気を送って所定の空気 比で完全燃焼させる。

（3）　排ガス再循環

　燃焼用空気に低温の排ガスの一部を混入し，酸素濃度を低下させて燃焼さ せ，燃焼温度の低下によって NO_x を抑制する。

（4）　濃淡燃焼

　複数のバーナを二分して，燃料過剰域で燃焼させるものと，空気過剰域で燃 焼させるものに分けることにより2段燃焼と同様の効果により NO_x を抑制す る。

（5）　水または水蒸気噴射

　水または水蒸気を燃焼用空気中あるいは燃焼室内に吹き込んで，燃焼温度を 低下させて NO_x を抑制する。

（6）　炉内脱硝燃焼

　主燃焼域（空気比1.0程度）の後段に2次燃料を吹き込み，その燃焼によっ てこの領域を還元域として NO_x を還元させる。さらにその下流に空気を送り 完全燃焼させる。

4.3 固体燃料燃焼装置

石炭はわが国唯一の国産燃料として，長期間にわたって盛んに用いられたが，経済性の面と使いにくさから重油および気体燃料に圧迫され，近年では工業的燃焼設備における使用が激減し，わずかに火力発電の一部に用いられる時期もあった。しかし，石油危機以来再びその価値が見直されるようになった。

固体燃料の燃焼装置は種類が多く，装置を選択するには使用燃料の性状に適したものを必要とし，かつ良好な燃焼状態を得る必要がある。石炭燃焼装置としては，火格子燃焼装置，微粉炭燃焼装置，流動層燃焼装置，融灰式燃焼装置がある。

4.3.1 火格子燃焼装置

火格子燃焼は，固体燃料（粒径 3 〜25 mm）を火格子の上に人力あるいは機械によって投炭，散布し燃焼させるものである。火格子燃焼は中小容量の燃焼装置で使用され，石炭等を粉砕せずにそのまま燃焼させるため動力費が少ないという特徴がある。

（1） 移床式ストーカ

石炭の供給と灰の排出を連続的に行うようにしたものである。機械的に石炭を散布するストーカ方式を用い，燃料は横方向へ移動する火格子上で燃焼し後部に移送したときに燃焼は完了する。

（2） 下込式ストーカ

火層内へ石炭をスクリューなどによって下方から上方に押し上げて供給し，燃焼は上方から下方へ移る。

（3） 散布式ストーカ

火層上面に石炭を機械的に散布する方式で，火格子には固定式，移動式，揺動式などがある。

（4） 階段式ストーカ

　傾斜している階段状の火格子に上方より石炭を供給して燃焼させ，下端から
もえがらを排出する。**図4.24**に火格子燃焼の種類とその概略を示した。

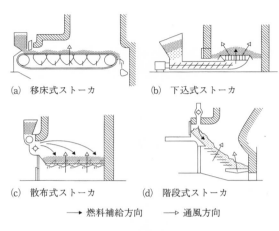

  (a)　移床式ストーカ   (b)　下込式ストーカ

  (c)　散布式ストーカ   (d)　階段式ストーカ

      ⟶ 燃料補給方向   ⟶ 通風方向

図4.24 火格子燃焼装置

4.3.2　微粉炭燃焼装置

　微粉炭燃焼法は，石炭を粉砕して $74\,\mu\mathrm{m}$ 以下の微粉にしたものを，1次空
気とともにバーナから燃焼炉内に吹き込み，燃焼室内で2次空気と混合させて
浮遊状態で燃焼させるものである。石炭を微粉にして表面積を増加させるた
め，2次空気との混合がよくなり，少量の過剰空気でも完全燃焼が可能とな
る。また，バーナを使って燃焼するため燃焼量の調節が容易であり，燃焼の自
動制御も可能である。

　一方，他の燃焼方式に比べて設備費や運転動力が大きく，維持・修繕費がか
さむという短所がある。微粉炭燃焼の特徴をまとめて次に列記する。

＜長　　所＞

　①燃料の表面積が大きく空気との接触がよいから空気比が小さくて完全燃焼
　　できる。

　②使用燃料の幅が広い。火格子燃焼で使えないような粘結炭，低発熱量炭な
　　ども用いられる。

③燃焼の調節が容易で点火，消火時の損失が少なく，負荷の変動にも容易に対応できる。

④一般に燃焼速度が大で，燃焼効率もよく，また予熱空気の使用も可能である。

＜短　所＞

①設備費，維持費が大きい。

②煙突からの飛じんが多く，集じん装置を完備する必要がある。

③爆発の恐れがあるため，許容最小熱負荷は 40 ％以上とする。装置にもよるが，これ以下の熱負荷では安定燃焼が困難になる。

微粉炭燃焼は，燃焼後に残る灰の取り出し方によって，灰を乾燥状態で炉底から取り出す乾式燃焼と，灰を溶融状態で取り出す湿式燃焼（スラグタップ燃焼，融灰燃焼）がある。

（1）　微粉炭燃焼装置の構成

石炭はバンカから計量給炭機を通って微粉砕機（ミル）に供給される。供給される石炭は，すでにかなり乾燥していることが望ましい。微粉砕機の中で，さらに高温空気または燃焼排ガスで乾燥されながら微粉砕が行われる。

微粉砕機を出た石炭はバーナに送られるが，貯蔵燃焼方式と直接燃焼方式とがある。

①貯蔵燃焼方式：貯蔵燃焼方式のフロー図を**図 4.25** に示す。微粉砕機によって粉砕された微粉炭を貯蔵槽（ビン）にいったん貯めてから，燃焼用 1 次空気と微粉炭の混合気流にしてバーナから炉内へ噴出させる。微粉炭貯蔵による方式は燃焼室の負荷変動を容易に調節できる。

②直接燃焼方式：直接燃焼方式のフロー図を**図 4.26** に示す。直接式の微粉炭燃焼装置は，粉砕された微粉炭を直接バーナへ送り燃焼する方式で，設備は簡単で操作も容易である。また，微粉炭捕集器からの排気中の粉じんによる大気汚染の心配がない。

現在，主に使用されている方法はボイラまたは各バーナに 1 個ずつの微粉砕機を設備する単位式の直接微粉炭燃焼装置である。

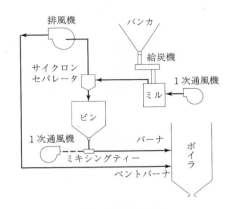

図 4.25　貯蔵燃焼方式の微粉炭燃焼装置

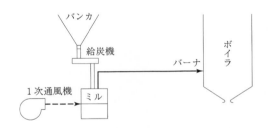

図 4.26　直接燃焼方式の微粉炭燃焼装置

（2）　微粉砕機

　微粉砕機の粉砕方法は，硬い固体面の間に石炭を挟んですりつぶすものと，衝撃によって石炭をたたきつぶすものがある。

　前者の例としてはリングボールミル，後者にはチューブミルがある。リングボールミルは，数個の大きな鋼球を上下のリングで挟み，リングを回転させながら鋼球とリングの間で石炭をすりつぶすものである。チューブミルあるいはボールミルは，大きな円筒形の回転容器内に直径 50 mm 程度の鋼球が充てんされており，容器の回転により鋼球が壁に沿って持ち上げられ，その後，落下することによる衝撃と容器内での鋼球と石炭の相互作用によるすりつぶしで粉砕される。

　ボールミルはリングボールミルに比べて粉砕率は低いが，構造が簡単であり，鋼球が摩耗しても容易に交換できる。

（3）　微粉炭バーナ

　微粉炭バーナの形式は，旋回流式と扁平流式に大別できる。旋回流方式は微粉炭と空気（燃焼用 1 次空気）の混合気流および燃焼用 2 次空気流に旋回を与え混合をよくする方式である。扁平流式は扁平な火炎をつくる方式であり，炎は旋回流式に比べて長くなるためバーナは水管群の間に設けられる。**図 4.27** に微粉炭バーナの一例を示す。

　発電用の大形ボイラなどでは，多数の微粉炭バーナを用いることが多いが，これらの配置で代表的なものは壁面配置とコーナ配置である。

　壁面配置では，**図 4.28** に示すように炉の前面から微粉炭および 2 次空気を

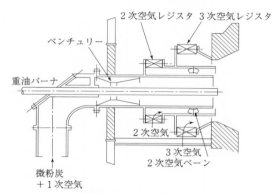

図 4.27　微粉炭バーナ

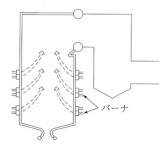

図 4.28　壁面配置バーナ

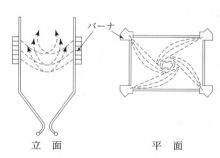

図 4.29　コーナ配置バーナ

吹き込むため，微粉炭と空気の混合をよくするように旋回を与えるようなバーナを使用する。

　コーナ配置では，**図4.29**に示すように燃焼室の四隅にバーナを設置し燃焼室の中心部に円を仮想し，この円に対し接線方向に微粉炭を噴射すると，微粉炭と空気の混合が促進され火炎の安定性もよい。コーナ配置のバーナは**図4.30**に示すような分割バーナが用いられる。

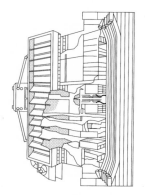

図4.30　分割バーナ
(コーナ配置)

4.3.3　融灰式燃焼装置

　固体燃料は燃焼後に灰が残るため，灰の処理をいかに行うかが重要な課題となる。一般の燃焼方法では灰は固体の形で燃焼室から取り出されるが，灰を高温で溶融して液体状で連続的に取り出す方法があり，これを融灰式燃焼（スラグタップ燃焼，湿式燃焼）という。

　灰の溶融特性は組成によって変化するが，石炭の灰では1 400～1 600℃の範囲で溶融状態になる。このため，融灰式燃焼では燃焼室を高温に保ち，灰を溶融状態にしておく必要がある。

　融灰式燃焼装置では燃料として微粉炭よりも粗い粉砕炭を使用する。装置の一例を**図4.31**に示す。燃料は1次空気とともに第1次燃焼室へ旋回しながら送入され，高温燃焼し，灰は溶融状態になって炉の後方より流出される方式で，火炉の熱負荷は16.7 GJ/(m³・h) 以上となり高負荷燃焼が可能である。

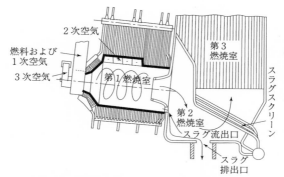

図 4.31　融灰式燃焼法（サイクロン燃焼炉）

4.3.4　流動層燃焼装置

　燃焼室の底部に多数の小穴をあけた分散板を置き，その上に固体粒子を充てんして下方から空気を供給すると，粒子全体が激しく動く。この状態を流動層とよぶ。流動層の状態で固体燃料を燃焼させるには，粒径 1 〜数 mm の燃料（石炭）を石灰石やケイ砂等の流動媒体とともに燃焼温度 800〜1 000℃で燃焼させている。

　流動層の基本形態を**図 4.32** に示す。流動層の特徴としては次のようなことがあげられる。

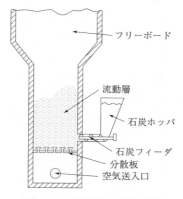

図 4.32　流動層の基本形態

①燃焼温度が低いため，通常，微粉炭燃焼で発生する灰溶融によるクリンカトラブルが少なく，低品位炭も含め広い範囲の石炭が燃焼できる。また，NO_x発生量も少ない。

②流動媒体として石灰石を使用することにより炉内脱硫が可能となる。

③流動層内に伝熱管を配置することによって熱伝達率を高くでき，ボイラの小型化が可能となる。

④流動層内に吹き込まれた燃料は固体粒子とともに十分に攪拌されるため，空気と接触がよく燃焼時間が短くなる。また，低過剰空気燃焼も可能となる。

流動層燃焼方式にはいろいろあり，常圧方式と加圧方式，バブリング方式と循環方式がある。

常圧流動層ボイラにはバブリング方式と高速循環方式がある。

バブリング方式は従来より開発されてきたものであり，ガス流速は1～2 m/sと比較的遅く，石炭（粒径10 mm以下）を流動層で燃焼し，熱は伝熱効率の高い層内伝熱管，水冷壁および後部対流伝熱部で回収するものである。燃焼効率は炭種により異なるものの，通常85～98％であり，燃料比が高く燃焼性の悪い石炭では，再燃焼方式あるいは再循環方式により燃焼効率を高めている。

一方，高速循環流動層は近年開発が急速に進んでいる技術であり，この方式はガス流速を比較的速い4～8 m/sとし，燃焼炉の外に飛散した粒子（バブリング方式の500～600倍）をサイクロンにより捕集し，それを燃焼炉に循環させることで燃焼効率，脱硫剤の利用率の向上を図ろうとするものである。循環流動層は，近年一般産業用として急速に実績をあげつつある。

さらに，系全体の圧力を1～3 MPaにする加圧流動層方式では，高圧の燃焼排ガスでガスタービンを駆動し，発電に利用することができる。

4 章の演習問題

＊解答は，p. 134 参照

［演習問題 4.1］

次の各項目について述べよ。

(1)　油バーナの霧化方式別による種類と特徴

(2)　燃焼用空気の通風方式

(3)　燃焼装置のエアーレジスタ

(4)　石炭の流動層燃焼

5章
燃焼ガス分析法

5.1 ガス分析法の分類と特徴

　燃焼熱を熱源とする熱設備では，燃焼がつねに良好な状態で維持されているかどうか監視して熱効率の向上を図るとともに，大気汚染の防止にも努めなければならない。そのためには，燃焼排ガスの成分から燃焼状態および供給空気量の適否を推定し，燃焼管理する必要がある。

　燃焼排ガスは一般に主成分として窒素，二酸化炭素，水蒸気，酸素を，微量成分として一酸化炭素，二酸化硫黄，窒素酸化物，未燃炭化水素などを含んでいる。

　燃焼管理には，これら排ガス成分の中から排ガス中の O_2 の体積百分率〔%〕か，CO_2 の体積百分率〔%〕を測定することが一般的である。**図 5.1** に示す燃

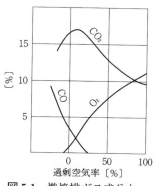

図 5.1 燃焼排ガス成分と
過剰空気率との関係

焼排ガス中の CO_2, O_2, CO の量と空気比との関係のように，CO_2 の量には最大値があり，同一の CO_2 に対して2つの空気比があるので，CO_2 ％だけでは空気比はわからない。一方，O_2 の量は空気比が大きくなるほど増加するので，O_2 の量によって直接空気比を知ることできる。また，CO_2 の量は，同じ空気比でも燃料の種類によって変わるが，O_2 の量はほとんど変わらないので，燃料の種類が変わる場合，混焼の場合，あるいは燃料の燃焼以外から排ガス中に CO_2 が混入してくる場合などには，O_2 の量を測定するのがよい。

　ガス分析法を化学的分析法と物理的分析法に分類することがある。物理的分析法とは試料の純物理的もしくは物理化学的な性質，例えば電磁波（可視光，紫外，赤外）の吸収およびふく射，熱伝導率，密度，磁性などを観測してその中に含まれる化学種の濃度を決定する分析法である。補助手段として化学的な処理や操作を要する場合も含めて広く物理的分析という場合もあり，物理的分析法をこのように広義に解釈するならばガス分析法のほとんどが物理的分析法となる。

　化学的分析法といえるのはオルザットガス分析法，ヘンペルガス分析法および各種の滴定法などの容量分析のみである。燃焼排ガスの分析に用いられている方法には連続的な濃度測定が可能なものと，回分的なサンプリングと分析の繰返しになるものがある。化学的分析法は後者になり，迅速性の点で物理的分析法に比べて劣っている。物理的分析法の多くはその性質上，連続的な測定に適しているが，ガスクロマトグラフ法や発色操作を必要とする場合の吸光光度法のように連続測定に不適切なものもある。

　いずれの分析法を用いて分析を行うにしても，分析の原理，装置に精通することが大切であり，得られた値はどの程度の正確さをもっているかということをつねに念頭に入れておく必要がある。燃焼管理に使用されるガス分析計の種類を**表5.1**に示す。

5.2　化学的ガス分析装置

　ガス分析法にはヘンペル法など，古くからいろいろな方法が採用されているが，ここでは燃焼排ガス中の二酸化炭素，酸素，一酸化炭素を定量することが

表5.1　ガス分析計の分類

	測 定 方 式	分 析 計 の 名 称	測　定　成　分
化学的ガス 分 析 計	溶 液 の 吸 収	ヘンペルガス分析計 オルザットガス分析計	CO_2, O_2, CO, N_2 CO_2, O_2, CO, N_2
物理的ガス 分 析 計	熱 伝 導 率 法	電気式CO_2計 未燃ガス計	CO_2 $CO+H_2$
	比重法(密度法)	比重式CO_2計	CO_2
	赤 外 線 の 吸 収	赤外線ガス分析計	CO_2, CO, CH_4, SO_2, NO
	紫 外 線 の 吸 収	紫外線ガス分析計	NO, NO_2, SO_2
	化 学 発 光 方 式	化学発光式分析計	NO, NO_x
	導　電　率	SO_2の自動記録計	SO_2
	電 気 化 学 式	ジルコニア式O_2計 ガルバニ電池式O_2計	O_2 O_2
	磁　気　式	磁気式O_2計	O_2
	ガ ス ク ロ	ガスクロマトグラフ	CO_2, N_2, H_2, O_2, CO CH_4, SO_2, NO_2

できるオルザットガス分析装置について述べる。

　図5.2にオルザットガス分析装置の一例を示す。温度変化を防ぐために試料ガスを水ジャケットに包まれたガスビュレットに導入し，これを順次，二酸化炭素，酸素，一酸化炭素の吸収瓶に導入して吸収させ，そのときの試料ガスの

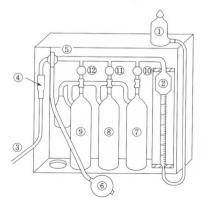

① 水準瓶　　　　　⑥ 吸引ポンプ
② ガスビュレット　⑦ 二酸化炭素吸収瓶
③ 試料採取パイプ　⑧ 酸素吸収瓶
④ ろ過器　　　　　⑨ 一酸化炭素吸収瓶
⑤ 三方コック　　　⑩〜⑫ コック

図5.2　オルザットガス分析装置

容積減より，各成分の容積割合を知ることができる。二酸化炭素の吸収には水酸化カリウム溶液が，酸素にはアルカリ性ピロガロール溶液が，一酸化炭素には塩化第一銅のアンモニア溶液が用いられる。したがって，二酸化炭素の吸収瓶には二酸化硫黄，二酸化窒素などの酸性ガスも吸収される。また，一酸化炭素の吸収瓶にはアセチレン，エチレンなども吸収されるから，あらかじめ試料ガスからこれらのガスを除去しておかなければ誤差は大きくなる。

5.3　物理的ガス分析装置

5.3.1　酸素の分析

　燃焼排ガス中の酸素を連続測定する自動計測器については JIS B 7983 の規定がある。ここでは，酸素の常磁性を利用する磁気式酸素計と電気化学的性質を利用する電気化学式酸素計についてふれる。

（1）　磁気式酸素計

　通常のガスは反磁性であるのに対して酸素分子は2つの分子軌道に電子が1個ずつ分かれて入り，不対電子が2個あるため高い常磁性を示す（**表 5.2**）。本分析計は酸素分子がほかの常磁性ガスである一酸化窒素よりも高い常磁性を有していることを利用しており，一酸化窒素の影響を無視できる場合に適用される。検出方法には磁気風方式と磁気力方式があり，後者はさらにダンベル形と圧力検出形に分けられる。装置の概略を**図 5.3**に示す。

表 5.2　各種ガスの磁生

ガ　　　ス	体積磁化率（相対値）
酸　　　　　素	100
空　　　　　気	21.6
二 酸 化 炭 素	−0.61
ア ン モ ニ ア	−0.58
窒　　　　　素	−0.42
ア セ チ レ ン	−0.38
メ　タ　ン	−0.37
水　　　　　素	−0.12
一 酸 化 窒 素	48.3

注）　酸素を100としたときの相対値，負の値は
　　反磁性を示す。

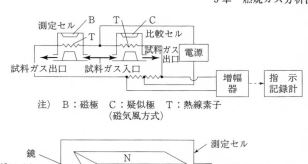

注）B：磁極 C：疑似極 T：熱線素子
（磁気風方式）

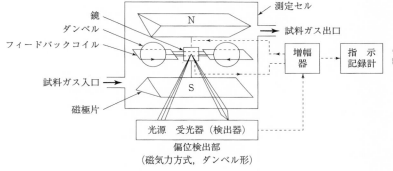

（磁気力方式，ダンベル形）

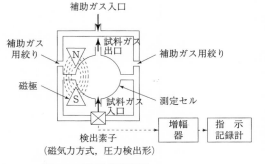

（磁気力方式，圧力検出形）

図 5.3 磁気式酸素計

（a）磁気風方式：検出部は１対のセルからなっていて，その中央部には電気抵抗の大きい細い白金線（熱線素子という）が配置され，電流を流すことによって加熱されている。測定セルには強力な永久磁石により磁場が与えられている。酸素を含んだ試料ガスが試料セルに入ると，熱線素子付近で加熱された酸素は常磁性が減少することにより磁場の弱い方向へ追い出され，代わりに熱線素子から遠方にある酸素が熱線素子付近に入ってくる。このようにして熱線素

子の周囲には酸素濃度に応じた強さのガス流（磁気風という）が生じる。この磁気風による冷却効果のために熱線素子の電気抵抗が変化し，これをブリッジ回路によって測定する。

　(b)　磁気力方式：ダンベル形は磁化率の小さい石英などでつくられた中空のダンベルと試料ガス中の酸素が不均一磁場内に置かれたとき，磁化の強さの差によって生じるダンベルの偏位量を検出する方式のものである。圧力検出形は電磁コイルにより測定セルの一部に断続的な不均等磁場を発生させ，これによって試料ガス中の酸素濃度に応じて生じる断続的な吸引力を補助ガス用絞りの背圧の差として検出するものである。

（2）　電気化学式酸素計

　酸素の電気化学的酸化還元反応を利用して O_2 濃度を連続的に求めるもので，ジルコニア方式と電極方式がある。

　ジルコニア方式は**図5.4** に示すように高温に加熱されたジルコニア素子の両端に電極を設け，一方に試料ガス，他方に空気を流して酸素濃度差を与え，両極間に生ずる起電力を検出するものである。すなわち，安定化ジルコニアとよばれる酸化ジルコニウムと酸化カルシウムの固溶体は，500℃以上の高温で結晶格子に酸素イオンの空格子点があり，酸素イオン導電性を有する。したがって，これを固体電解質として次のような濃淡電池，

$$P_t,\ P_{O_2}(1)\ |\ P_{O_2}(2),\ P_t$$

　　　　└── 安定化ジルコニア　　　P_{O_2}：酸素分圧

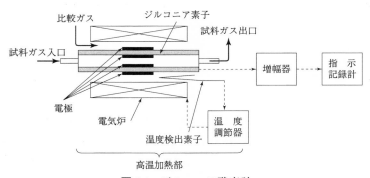

図5.4　ジルコニア酸素計

をつくれば，負極，正極ではそれぞれ次のような反応が生じ，

$$O_2 + 4e \rightarrow 2O^{2-}$$

$$2O^{2-} \rightarrow O_2 + 4e$$

その起電力はネルンストの式を満足する。

$$E = \frac{RT}{4F} \ln \frac{P_{O_2}(1)}{P_{O_2}(2)} \tag{5.1}$$

　　　R：気体定数　　T：絶対温度　　F：ファラデー定数

$P_{O_2}(2)$を既知とすれば起電力を測定することにより，ただちに$P_{O_2}(1)$を求めることができる。本法は高温において酸素と反応する一酸化炭素，メタンなどの可燃性ガスおよび二酸化硫黄などのジルコニアを腐食するガスの影響を無視できる場合に使用する。

　電極方式は，ガス透過性隔膜を通して電解槽中に拡散吸収された酸素が固体電極表面上で還元される際に生じる電解電流を検出するものである。

5.3.2　一酸化炭素の分析

　燃焼排ガス中の一酸化炭素の分析は JIS K 0098 の規定がある。分析方法の種類にはガスクロマトグラフ法，検知管法，ヘンペル式分析法，赤外線吸収法，定電位電解法があるが，ここでは非分散赤外線吸収分析計についてふれる。

　一酸化炭素に限らず，H_2，O_2などの等核2原子分子を除いて，NO，CO_2，H_2O，CH_4などほとんどすべてのガスは赤外領域に分子振動による固有の吸収波長帯をもっている。一例として一酸化炭素と二酸化炭素の赤外線吸収スペクトルを**図 5.5**に示す。本法はこの赤外線の吸収量から濃度を求めるものであり，装置の概要を**図 5.6**に示す。光源には通常，ニクロム線，炭化ケイ素線などの抵抗体に電流を流し加熱したものを用いる。光源から発せられる連続的な波長分布をもった赤外線はチョッパによって断続光になり，試料セルと比較セルの2光路を通って検出器に入る。比較セルには赤外線を吸収しない窒素などが封入されている。検出器には一酸化炭素が適当な分圧で封入されていて金属薄膜によって試料側と比較側に仕切られている。試料セル側の光路では一酸化炭素の吸収波長領域の赤外線が濃度に応じて吸収されるので，検出器の試料側のセルで吸収される赤外線の量は減少する。赤外線は熱線であるから，薄膜は

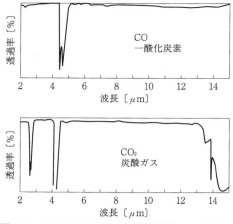

図 5.5 COおよびCO₂の赤外線吸収スペクトル

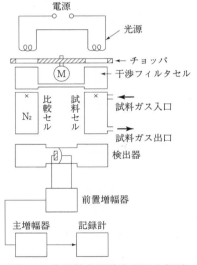

図 5.6 非分散赤外線式ガス分析計

試料側へ膨らむ。薄膜は金属性であり，この金属薄膜と非常に狭い間隔をおい
て金属膜を固定することにより一種のコンデンサにしてあり，変形による電気
容量の変化を検出して濃度を知る。共存するガスの吸収波長領域が一酸化炭素
の吸収波長領域と重なっている場合には，検出器に純粋な一酸化炭素を用いて
も，これらのガスの干渉を受ける。このような場合のために，試料セル，比較

セルの前に干渉ガスの純粋なものを封入した干渉フィルタセルが設けられている。すなわち、このセルを通過して出てきた赤外線は干渉成分の吸収領域の波長がほとんど吸収除去されているので、これらの影響を減らし、一酸化炭素に対する選択性をもたせることができる。一酸化炭素の分析の場合は、水蒸気と二酸化炭素が干渉ガスであり、これらが干渉フィルタセルに封入される。

　赤外線吸収分析法は、二酸化炭素、二酸化硫黄、一酸化窒素の分析にも利用されている。

5.3.3　二酸化炭素の分析

　排ガス中の二酸化炭素の分析法には密度法、熱伝導率法、赤外線吸収法などがある。赤外線吸収法については、5.3.2項で述べたので、ここでは密度法と熱伝導率法について述べる。

（ 1 ）　密度法

　本法は二酸化炭素が空気よりも密度が大であることを利用して濃度を測定するものである。2個の同形の羽根車を一方は空気室内、他方は試料ガスを満たした室の中で互いに逆向きに同速で回転させて旋回流をつくらせる。この旋回流を同じく同形で室の外で連結棒でつながっている羽根車に受ける。両室のガスの密度が同じであれば連結棒は動かないが、密度が異なれば羽根車に作用するトルクが異なるので連結棒が動き、これを濃度測定の指針とする。

（ 2 ）　熱伝導率法

　本法は、表5.3に示すように二酸化炭素の熱伝導率が空気のそれに比べて十分小さいことを利用したものであり、その測定原理は後述のガスクロマトグラフの検出器の一つである熱伝導度検出器と同じである。水素の熱伝導率は空気に比べて非常に大きく、微量でも混入すると負の誤差を与えるので、不完全燃焼の著しい排ガスに適用するには注意を要する。

5.3.4　全炭化水素の分析

　水素炎イオン化検出器（FID）を用いた全炭化水素の分析法について述べる。

　酸水素炎中のイオン濃度はきわめて小さいが、これに有機物が混入すると酸水素炎中のイオン濃度は非常に大きくなる。FIDはこの現象を応用したもの

表5.3　各種ガスの熱伝導率

ガ　　　ス	熱伝導率〔W/(m・K)〕
水　　　　　素	0.166
ヘ　リ　ウ　ム	0.142
メ　　タ　　ン	0.029 9
酸　　　　　素	0.023 9
窒　　　　　素	0.023 8
空　　　　　気	0.023 7
一 酸 化 炭 素	0.022 7
ア ン モ ニ ア	0.021 5
ア セ チ レ ン	0.018 4
ア　ル　ゴ　ン	0.016 2
二 酸 化 炭 素	0.014 0
二 酸 化 硫 黄	0.008 16

で，その概要を**図5.7**に示す。試料ガスに水素ガスと空気を混合し燃焼させる。火炎の上部に2枚の電極を置いて直流電圧（約300 V）をかけておくと，火炎中に有機物が入ってくることによりイオン電流が流れるようになる。この微少電流を高入力インピーダンス増幅器によって電流増幅し検出する。化学種によってFIDに対する感度は異なるが，ほぼ分子中の炭素数に比例する。また，FIDの無機ガスに対する感度は非常に小さい。

5.3.5　窒素酸化物の分析

排ガス中のNO, NO_2またはNO_x（$NO+NO_2$）濃度を連続測定する計器についてはJIS B 7982の規定があり，化学発光方式，赤外線吸収方式，紫外線吸

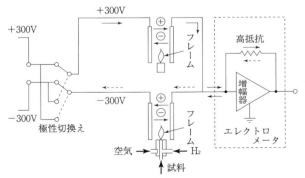

図5.7　水素炎イオン化検出器

表 5.4　NO$_x$自動計測器の種類，測定範囲および測定対象成分

計測器の種類　原　　　理	レ ン ジ*1) (vol ppm)	測定対象物質	適　　用　　条　　件
化 学 発 光 方 式	0〜10 〜 0〜2 000	NO NO$_x$*2)	共存するCO$_2$の影響を無視できる場合，または影響を除去できる場合に適用する。
赤外線吸収方式	0〜10 〜 0〜2 000	NO NO$_x$*2)	共存するCO$_2$，SO$_2$，水分，炭化水素の影響を無視できる場合，または影響を除去できる場合に適用する。
紫外線吸収方式	0〜50 〜 0〜2 000	NO NO$_2$ NO$_x$*3)	共存するSO$_2$，炭化水素の影響を無視できる場合，または影響を除去できる場合に適用する。

　*1)　このレンジ内で測定目的によって適当に分割したレンジをもつ。
　*2)　NO$_x$は，あらかじめNO$_2$をNOに変換して測定する。
　*3)　NOとNO$_2$のそれぞれの測定値の合量である。

収方式が規定され，付属書に定電位電解方式が示されている。**表 5.4** に NO$_x$
自動計測器の種類と測定範囲等を示す。ここでは，もっともよく使用されている化学発光方式について概要を述べる。

（1）　化学発光方式

　一酸化窒素はオゾンと反応して二酸化窒素になるとき，一部励起状態の二酸化窒素（NO$_2$*）を生じる。これが基底状態に遷移するとき，$1.2\,\mu$m に強度の極大をもつ 0.6〜$3.0\,\mu$m の光を発する。この反応を次式に示す。

$$NO+O_3 \rightarrow NO_2{}^*+O_2$$

$$NO_2{}^* \rightarrow NO_2+h\nu$$

この発光量は試料中の一酸化窒素濃度に比例し，二酸化窒素の影響はない。エチレンはオゾンと反応して $0.4\,\mu$m 付近に強度の極大をもつ化学発光を与える。化学発光方式による分析計の概略を**図 5.8** に示す。検出器には一酸化窒素の反応に基づく化学発光のみを選択的に透過させる光学フィルタを介して光電子増倍管が用いられる。窒素酸化物濃度の測定には，試料ガスをモリブデン—カーボン系の還元触媒を充てんしたコンバータを通して二酸化窒素をすべて一酸化窒素に変換したのち分析計に導入する。

5.3.6　硫黄酸化物の分析

　排ガス中の SO$_2$ 濃度を連続測定する計器については JIS B 7981 の規定があ

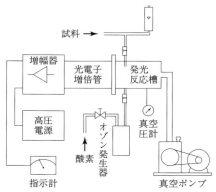

図5.8 化学発光方式による一酸化窒素分析計

り，溶液導電率方式，赤外線吸収方式，紫外線吸収方式，紫外線蛍光方式が規定され，付属書に定電位電解方式が示されている。**表5.5** に SO_2 自動計測器の種類と測定範囲等を示す。ここでは溶液導電率法についてのみ述べる。

表5.5 SO_2 自動計測器の種類およびレンジ

計測器の種類	レンジ*) (vol ppm)	備　　　考
溶液導電率方式	0～25 〜 0～2 000	共存する二酸化炭素，アンモニア，塩化水素，二酸化窒素の影響を無視できる場合，または影響を除去できる場合に適用する。
赤外線吸収方式	0～25 〜 0～2 000	共存する水分，二酸化炭素，炭化水素の影響を無視できる場合，または影響を除去できる場合に適用する。
紫外線吸収方式	0～25 〜 0～2 000	共存する二酸化窒素の影響を無視できる場合，または影響を除去できる場合に適用する。
紫外線蛍光方式	0～10 〜 0～1 000	共存する炭化水素の影響を無視できる場合，または影響を除去できる場合に適用する。

＊) このレンジ内で，測定目的によって適当に分割したレンジをもつ。

（1） 溶液導電率法

溶液導電率分析計（**図5.9**）を用い，試料ガス中の二酸化硫黄を硫酸酸性の過酸化水素水に吸収させ，溶液の導電率の変化から濃度を求める方法である。

$$SO_2 + H_2O_2 \rightarrow 2\,H^+ + SO_4{}^{2-}$$

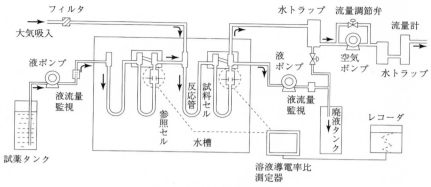

図 5.9　溶液導電率分析計

　排ガス中の塩化水素，アンモニア，二酸化窒素も二酸化硫黄同様，吸収液に
溶けて導電率を増大させるので，これらの影響を無視できるときに使用され
る。

5.3.7　ガスクロマトグラフを用いる多成分分析法

　ガスクロマトグラフを用いて，燃焼排ガス中の無機成分あるいは有機成分の
いくつかを同時に分析することができる。本法はこれまで述べてきた方法とは
異なり連続的な測定はできないが，自動ガスサンプリング装置を用いて定期的
に自動分析を行うことは可能である。ガスクロマトグラフは**図 5.10** に示すよ
うにキャリアガス部，試料導入部，分離カラム，検出器および記録計よりなっ

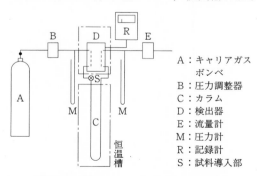

A：キャリアガス
　　ボンベ
B：圧力調整器
C：カラム
D：検出器
E：流量計
M：圧力計
R：記録計
S：試料導入部

図 5.10　ガスクロマトグラフの原理図

ている。キャリアガスには通常，ヘリウム，窒素などが用いられる。流速の一定なキャリアガス流に試料を導入すると，一定温度に設定されている分離カラムを通る間に各成分は分離カラム中の充てん剤への親和性の違いによって分離されて順次検出器に入り記録計に記録される。試料ガス導入からピークまでの時間でその成分の同定を行い，ピーク面積などから定量することができる。検出器には熱伝導度検出器，水素炎イオン化検出器，炎光光度検出器などがある。

　ここではもっとも広く利用されている熱伝導度検出器（TCD）についてふれる。TCD は，各種気体はそれぞれ異なる熱伝導度をもつことを利用した検出器で，その概略を図 5.11 に示す。(a) および (b) はまったく同一の金属壁で囲まれた小室で，(a) にはキャリアガスと試料が，(b) にはキャリアガスのみが一定流速で流される。小室内には金属抵抗線のフィラメントが張られていて電気的に加熱されている。小室(a)内に各成分に分離された試料が入ってくると熱伝導度の差によってフィラメントの抵抗が変化してくる。この抵抗変化をホイートストンブリッジで測定する。この検出器はあらゆる試料に適用できるが，気体の種類によって感度が異なり，また検出限界がほかの検出器に比べて大きいという難点がある。

　分離カラム内の充てん剤には，分離しようとする気体によって種々のものがある。無機ガスおよび C_3 〜 C_4 までの低級炭化水素の分析にはモレキュラシー

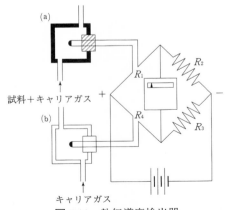

図 5.11　熱伝導度検出器

ブ，活性アルミナ，活性炭，シリカゲルなどの吸着形充てん剤が使用される。有機化合物の分析には，ケイ藻土などの粉末を，分離しようとする成分に適した各種の液体で処理した分配形の充てん剤が用いられる。試料中の各成分を十分分離するためのパラメータとして，カラム充てん剤の選択，カラム長さ，カラム温度，キャリアガス流量があり，これらについてはすでに多くのデータの蓄積があるので専門書を参考にされたい。

5.4　煙道からの試料ガスの採取方法

　排ガス中の特定ガス状成分分析に供する排ガスを試料ガスといい，その採取方法は，JIS K 0095 に規定されている。

　試料ガスの採取位置には，ダクトの屈曲部，断面変化の急激に変化する部分を避け，排ガスの流れが比較的一様に整流されているところで，空気の漏れ込みやダストの堆積のない，作業が安全で容易な場所を選ぶ。図 5.12 に連続分析計を用いる場合の試料ガスの採取方法を，赤外分析計の場合を例にとって示した。採取管，導管，接手管およびろ過材の材質は，排ガスの組成，温度などを考慮して，化学反応や吸着などによって分析結果に影響を与えないもの，排ガス中の腐食成分によって腐食されないものを選ぶ。また，排ガス温度，流速に対して十分な耐熱性と機械的強度を有するものを選ぶ必要がある。

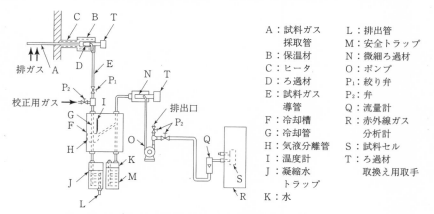

A：試料ガス　　　L：排出管
　　採取管　　　　M：安全トラップ
B：保温材　　　　N：微細ろ過材
C：ヒータ　　　　O：ポンプ
D：ろ過材　　　　P₁：絞り弁
E：試料ガス　　　P₂：弁
　　導管　　　　　Q：流量計
F：冷却槽　　　　R：赤外線ガス
G：冷却管　　　　　　分析計
H：気液分離管　　S：試料セル
I：温度計　　　　T：ろ過材
J：凝縮水　　　　　　取換え用取手
　　トラップ
K：水

図 5.12　試料ガスの採取方法（赤外線分析計を用いるとき）

5章の演習問題

＊解答は，p. 135 参照

[演習問題 5.1]

次の文章の ☐ に入れるべき適切な字句を解答例にならって答えよ。

（解答例　11―保炎）

(1)　排気ガス中の二酸化炭素の機器分析法には，密度法， 1 ， 2 など
がある。窒素酸化物の分析には， 3 ， 2 ， 4 および定電位電解方
式がある。

(2)　燃焼排ガス中の酸素を連続的に測定する計測器には， 5 式および
6 式がある。 6 式酸素計は 7 などの腐食するガスの影響を無
視できる場合の燃焼排ガスに使用できる。

(3)　燃焼排ガス中の二酸化硫黄の連続分析法には 8 方式， 9 方式，
10 および紫外線蛍光方式がある。

6章
燃焼による設備・環境への障害

6.1 有害燃焼排出物

　燃焼にともなって発生する環境汚染物質には，硫黄酸化物（SO_x），窒素酸化物（NO_x），一酸化炭素（CO），すす，ばいじんなどがあり，すべての燃焼装置においてこれらの有害燃焼排出物を抑制するための対策がとられている。

6.1.1 ばいじん

　ばいじんの主体は，燃料中に含まれる灰分と燃焼中に生成される固形の未燃分である。後者はさらに気相析出形と残炭形に分けられ，これらのばいじん中での割合は使用される燃料の性状によってかなり異なる。石炭燃焼では，灰分が主であり，軽質油や気体の燃焼では気相析出形，重質油では残炭形が多くなる。

　気相析出形のばいじんは，炭化水素系のガスおよび軽質油系燃焼において生成するすすであり，低分子量の不飽和炭化水素が酸素不足のもとで燃焼中に脱水素，重縮合反応を繰り返し，高分子化して核となり，それらが凝集して粒子となったものである。直径は数 nm〜100 nm 程度であり，この微小粒子は一方向に鎖状につながって繊維様になる傾向があり，さらにそれらが絡み合って綿様になる。0.5％程度の水素と，若干のS分，灰分を含むことがある。燃料については一般に炭素・水素比（C/H 比）が高いものほど発生傾向が強い。

　残炭形のばいじん（セノスフェア）は，重質油や石炭燃焼時に残留重質分やチャーが未燃のまま排出される未燃カーボンと称されるものである。重質油の

場合，バーナで霧化された油滴は火炎によって加熱され，蒸発・分解する。これらの成分は気相燃焼し，残された残留炭素（灰分も含む）も表面燃焼するが，燃焼速度が遅いため未燃分となって燃焼ガスとともに排出される。

　粒径は噴霧液滴径や石炭粒径などに依存しており，数百 μm の大きさのものも存在し，気相析出形に比べて大きい。

　固体燃料からのばいじんは灰分が主体であり，これに若干の未燃分が含まれる，いわゆるダストである。微粉炭燃焼では灰の一部は互いに結合して炉内に落下したり，炉壁に付着したりするが，約80％のものは炉外に排出される。火格子燃焼や流動層燃焼でもガス流にのってかなりの灰分がばいじんとして排出される。

　気相形すすの生成核の形成については現在多くの説があり，その主なものは，1)多環芳香族中間体説，2)アセチレン中間体説，3)炭化水素イオン中間体説などがある。

　炭素またはすすの生成には燃料の性質が大きく影響する。一般に，

①燃料の C/H 比が大きいものほどすすを発生しやすい。しかし，火炎が拡散炎か予混合炎かによってもすすの生成傾向が異なるため一概にはいえない。

②—C—C—の炭素結合を切断するよりも脱水素の容易な燃料のほうがすすが発生しやすい。

③脱水素，重合および環状化（芳香族生成）などの反応の起こりやすい炭化水素ほどすすが発生しやすい。

④分解や酸化しやすい炭化水素はすすの発生が少ない。

　炭化水素の拡散炎における一例を図 **6.1** に示す。この場合，炭化水素の種類によるすすの発生傾向は次の序列となっている。

　ナフタリン系＞ベンゼン系＞ジオレフィン系＞モノオレフィン系＞パラフィン系

　また，各種類の炭化水素のなかでは，分子量の増大にともなってすすの生成傾向が減少しているが，パラフィン系についてはこの傾向が逆になっている。また側鎖をもつ化合物のほうが，対応する直鎖化合物よりもすすの発生傾向が大となっている。一般に表 **6.1** に示すような順序ですすまたは煙が発生しやす

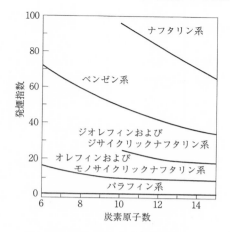

図 6.1　各種炭化水素の発煙性

表 6.1　燃料の種類とすす生成の難易

順 位	燃　　　料	順 位	燃　　　料
1	天　然　ガ　ス	7	コ ー ク ス
2	L　　P　　G	8	亜　　　　炭
3	製　造　ガ　ス	9	低揮発分れき青炭
4	コークス炉ガス	10	重　　　　油
5	ケ　ロ　シ　ン	11	高揮発分れき青炭
6	軽　質　燃　料　油	12	タ　ー　ル

くなる。

　天然ガスやLPGはもっともすすの発生が少なく，タールはもっともすすを発生しやすい。ただし，この順序は同一条件で燃焼した場合の比較であり，燃焼方法が異なればその傾向はいろいろ変わってくる。

　ばいじんの排出防止対策は，燃料，燃焼，排ガス処理に大別される。灰分や残炭分の少ない燃料の選択は，ばいじん対策上有利である。重質油から軽質油への転換は気相析出形の低減に有効であると同時に燃料中のS分，N分も少なくなるため，SO_x，NO_x対策ともなる。また，油中に水を添加したエマルジョン燃料もばいじん，NO_x対策として有効である。

　ばいじんのうち未燃分に起因するものは，燃焼によってその生成を抑制することが可能である。基本的には，適正な空気比を維持するとともに燃料と空気との良好な混合を達成することが肝要である。このほか微粒化の向上など霧

化・細化の改善や水・水蒸気噴射，排ガス循環燃焼なども未燃分の低減に寄与する。

排ガス処理としては集じん器の採用があげられる。集じん装置には，**表6.2**に示すものがある。装置の選定にあたっては，ばいじんの濃度，粒径分布，性状（組成，電気抵抗，比重，粘着性など）のほか，排ガス量，排ガス温度，排ガス組成などを考慮しなくてはならない。わが国では，洗浄式，遠心力式ならびに電気集じん式が比較的多く採用されている。

表6.2 各種集じん装置の性能

分 類 名	形 式	取り扱われる粒 度〔μm〕	圧力損失〔mm H_2O〕	集じん率〔%〕	設 備 費	運 転 費
重力集じん装置	沈 降 室	1 000～50	10～15	40～60	小 程 度	小 程 度
慣性力集じん装置	ルーバ形	100～10	30～70	50～70	〃	〃
遠心力集じん装置	サイクロン形	100～3	50～150	85～95	中 程 度	中 程 度
洗浄集じん装置	ベンチュリースクラバ	100～0.1	300～900	80～95	〃	大 程 度
音波集じん装置		100～0.1	60～100	80～95	中程度以上	中 程 度
ろ過集じん装置	バグフィルタ	20～0.1	100～120	90～99	〃	中程度以上
電気集じん装置		20～0.05	10～20	90～99.9	大 程 度	小～中程度

6.1.2 硫黄酸化物

燃焼にともない生成する SO_x には亜硫酸ガス（SO_2）と無水硫酸（SO_3）がある。

SO_2 は刺激臭をもち，人間が臭気を検知しうる最低レベルは3 ppm 程度といわれる。濃度が高くなると，目や鼻への刺激が強くなり，100 ppm 程度で気管支や肺組織に障害を起こし，さらに高濃度では呼吸困難を引き起こす。

SO_3 は，燃焼ガス中の水蒸気と反応して硫酸（H_2SO_4）となる。燃焼ガスの露点は，硫酸分が含まれると急激に上昇し，硫酸ミストを生じやすくなる。空気予熱器や煙道壁面に硫酸が凝縮すると，これにばいじんが付着・凝集して雪状の塊を形成し，ある程度の大きさになると，壁面からはく離してスノースマットあるいはアシッドスマット，スノーヒュームとして煙突から放出され，近隣に被害を与える。

燃焼により生じる SO_x は燃料中の硫黄分，とくに燃焼性硫黄から生成される。SO_2 の転換率は燃焼性硫黄に対してほとんど100％であるので，排出量を

容易に予測できる。

　発生した SO_2 の一部（$1 \sim 5\%$）は，火炎中でさらに酸化されて無水硫酸（SO_3）になる。これは火炎中でO原子とSO_2原子が反応して生じるものであり，空気比が高いほど，火炎温度が高いほど，また火炎中での燃焼ガスの滞留時間が長いほど，SO_3が多くなる。この際，V_2O_5やFe_2O_3が存在すると，触媒作用をもち，変換率に影響を与える。

　SO_2は，低硫黄燃料の使用以外，一般に燃焼操作によって抑制することは困難なので，排煙脱硫を行うことが多い。排煙脱硫装置としては，アルカリ系（$Ca(OH)_2$，$CaCO_3$，$NaOH$，Na_2CO_3，$Mg(OH)_2$など）の水溶液あるいはスラリーで排煙を接触洗浄し，SO_xを吸収除去して石こうや亜硫酸ソーダ，濃硫酸などを副生させる湿式法が主流である。なかでも石灰―石こう法がもっとも多い。これら除去法は脱硫率も高く，負荷変動に対しても安定した性能を維持でき，確立した技術であるが，欠点として多量の用水が必要，高度の排水処理の実施，副生品の問題などがあげられる。

　石灰や消石灰などのスラリーを噴霧し，湿乾両状態での排ガスとの接触吸収により脱硫するドライスクラバ（半乾式）も開発されている。

　流動層燃焼などでは，燃焼室に石灰やドロマイトを投入する乾式法も用いられている。

　現在，実用化された排煙脱硫プロセスを**表6.3**に示す。

6.1.3　窒素酸化物

　窒素酸化物としてはNO，NO_2，N_2O，N_2O_4，N_2O_5，N_2O_3などがあげられるが，一般に工場などから排出されるのはNOとNO_2であって大気汚染の対象となる。この両者の和をNO_xで表している。NO_xは光化学スモッグの原因物質の1つでもあり，またSO_xとともに酸性雨の原因物質でもある。

　燃焼によってNO_xが発生する窒素源としては空気中の窒素と，燃料中に含まれる窒素とがある。前者から生ずるNOを Thermal NO，後者から生ずるものを Fuel NO とよんでいる。ボイラなどの燃焼装置における燃料中窒素のNO_xへの変換率は$20\sim50\%$くらいである。窒素原子の結合は，窒素分子の結合よりはるかに弱いので，燃料窒素からのNO_x生成は空気中の窒素分子から

表 6.3　脱硫プロセス一覧表

	脱硫プロセス	吸収剤または吸着剤	副　生　物（処理）
湿　式	石灰スラリー吸収法	石灰石，水酸化カルシウム，ドロマイト，フライアッシュ	石こう（回収）亜硫酸カルシウム主体のスラッジ（廃棄）
	水酸化マグネシウムスラリー吸収法	水酸化マグネシウム	SO_2，石こう（回収）硫酸マグネシウム（廃棄）
	アルカリ溶液吸収法	水酸化ナトリウム，亜硫酸ナトリウム，アンモニアなど	亜硫酸ナトリウム，硫黄／硫酸，硫酸アンモニウム（回収）
	ダブルアルカリ法	炭酸ナトリウム，アンモニア，硫酸アルミニウム	石こう（回収）
	酸　化　吸　収　法	触媒添加希硫酸	石こう（回収）
半乾式	スプレードライヤ法	水酸化カルシウム，炭酸水素ナトリウム，炭酸ナトリウム，熱水養生剤（石炭灰利用）	亜硫酸カルシウム，石こう（廃棄または埋立て）
	炉内脱硫＋水スプレー法	石灰石	亜硫酸カルシウム，石こう（廃棄）
乾　式	炉内・煙道石灰吹込み法	水酸化カルシウム，蒸気養生剤（石炭灰利用）	亜硫酸カルシウム，石こう（廃棄または埋立て）
	活　性　炭　吸　着　法	活性炭（活性コークス）	硫酸（硫黄，液体SO_2）（回収）
	電　子　線　照　射　法	アンモニア	硫酸アンモニウム（回収）

よりも容易である。このような場合のNO_x生成機構について最近，多くの報告例がある。

Thermal NO_xの生成は Zeldovich または拡大 Zeldovich 機構によって説明できる。

すなわち，

$$O_2+M \to 2O+M \tag{6.1}$$

$$N_2+O \to NO+N-272\,kJ \tag{6.2}$$

$$N+O_2 \to NO+O+134\,kJ \tag{6.3}$$

燃料過剰炎では式(6.1)～(6.3)のほかに，

$$N+OH \to NO+H \tag{6.4}$$

が重要になってくる。式(6.1)～(6.3)で表される反応を Zeldovich 機構，さらに式(6.4)を含めて拡大 Zeldovich 機構とよんでいる。

燃料中のN分は全部がNO_xになるわけでなく，Fuel NO_xではその変換率が

問題である。変換率は燃料中のN分濃度が低いほど，燃焼の空気比が高いほど上昇し，20～60％である。燃料中のN分からのNOの生成機構は次のように推定されている。

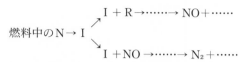

　Ⅰは NH_3，HCN などを経て生じる NH_2，NH，CN，NCO，Nなどであり，RはO，OH，O_2 などが考えられる。ⅠとRとによるNO生成反応とⅠとNOによる分解反応の競合の結果，NOの生成量が決まる。

　燃焼装置からの窒素酸化物を抑制する方法には燃焼条件の改変によるものと，排煙処理による方法とがある。燃焼技術による窒素酸化物の抑制対策としては，運転条件の変更によるもの，低減化の目的に開発された新しい燃焼方法によるもの，燃料の転換によるものなどに大別できる。

①低酸素燃焼法：空気比を低減させると燃焼領域での酸素濃度が減少し，NO_x の生成は低減できる。低酸素燃焼における空気比の限界は，ばいじん，一酸化炭素，炭化水素などの排出量がどの程度まで許容されるかによる。一般的にはこの方法だけでは NO_x の大幅な抑制は期待できない。

②燃焼室熱発生率の低減：一般に燃焼装置では，燃焼室熱発生率を低下させると放熱量が増加し燃焼室内ガス温度が低下するため NO_x の排出量は減少する。この方法による NO_x 対策は，既設の装置では出力や熱効率の低下を余儀なくされ，新設では出力規模が大型になるので抜本的な対策ではない。

③燃焼用空気の予熱温度の低減：燃焼用空気の予熱を行っている装置については，その予熱温度の低減も，燃焼温度に直接影響するものであり NO_x の排出量を減少できる。

④多段燃焼法：燃焼用空気を2段あるいは3段に分けて供給し，第1段では理論空気量より少ない空気で燃焼し，第2段以後で不足した空気を補給し，系全体で完全燃焼させるものである。火炎温度の低下と酸素分圧を減らすことによって NO_x の生成を抑制する方法であって，もっとも有望な方法である。

⑤排ガス再循環法：燃焼排ガスの一部を燃焼室内に循環するか，燃焼用空気に混合することによりNO_xの減少を図るものである。再循環量が多いほど火炎の温度が下がり，NO_xの抑制効果は大きいが，火炎の安定性などの見地から混合率は30％以下にすべきである。

⑥低NO_xバーナ：現在までに開発された低NO_xバーナは，前述の要素をバーナ自体に取り入れたもの，燃料と空気の混合を良好にして薄くて表面積の大きな火炎により急速燃焼させる方法，あるいは火炎を分割することによって放熱量を増大させて火炎温度の低下と高温域での滞留時間の短縮によってNO_xの低減を図っている。この方法は比較的簡単に既設の装置に適用できる可能性があり，抑制効果もあるので多くの技術開発がなされてきている。

現在，実用化の段階にある低NO_xバーナをNO_x抑制機構から分類すると次のようになる。

①急速燃焼形

②緩慢燃焼形

③分割火炎形

④自己再循環形

⑤段階的燃焼形

⑥石灰燃焼PMバーナ

ガス用低NO_xバーナの例を**図6.2**に，濃淡燃焼形低NO_xバーナを**図6.3**に，自己再循環形低NO_xバーナの例を**図6.4**に示す。

排ガスからのNO_x除去は脱硝とよばれる。わが国でもっとも多く採用されているのはアンモニア（NH_3）を還元剤とし，触媒を用いてNO_xを選択的にN_2に還元する乾式脱硝法である。すでにかなりの設置実績があり，ばいじん濃度の高いガスに対しても触媒成分や触媒層の形状を工夫するなどして高い性能を得ている。還元反応を起こさせる温度は250〜450℃程度であるが，さらに高温化（500〜600℃）の開発が進められている。

実用化された脱硝プロセスを**表6.4**に示す。

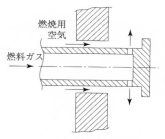

（a）混合促進形

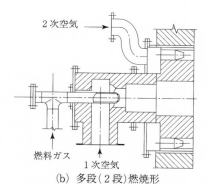

（b）多段（2段）燃焼形

図 **6.2**　ガス用低NO$_x$バーナの例

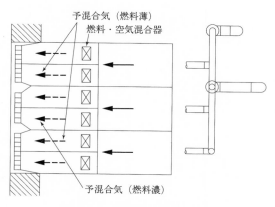

図 **6.3**　濃淡燃焼形低NO$_x$バーナ

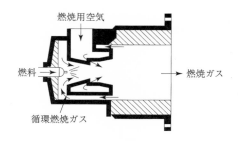

図6.4　自己再循環形低NO$_x$バーナ

表6.4　脱硝プロセス一覧表

		反 応 剤	方　　　法	実用化の状況
乾 式	アンモニア接触還元法	アンモニア，尿素	触媒を用いてアンモニアとNO$_x$を反応させ，無害な窒素と水蒸気に還元させる方法。	ボイラ，ガスタービン，ディーゼル，ごみ焼却炉，加熱炉などに適用させており，現在実用化されている脱硝装置の90%以上を占めている。
	無触媒還元法	アンモニア，尿素	アンモニアを還元剤として排ガス中に吹き込み，気相無触媒でNO$_x$を窒素に還元する。	石油加熱炉，ごみ焼却炉などに採用実績があるが，脱硝率が低く，未反応還元剤も多いので適用先は少ない。
	活　性　炭　法（同時脱硫・脱硝法）	アンモニア	活性炭（または活性コークス）により排ガスのSO$_x$を吸着し，NO$_x$は活性炭（活性コークス）の触媒作用により，アンモニアで窒素に環元させる同時脱硫・脱硝法。	ボイラ，焼却炉などに数基採用されている。事業用流動層ボイラの同時脱硫・脱硝装置として活性コークス法が実用化されている。
	電子線照射法（同時脱硫・脱硝法）	アンモニア	排ガスにアンモニアを加え，電子ビームを照射してSO$_x$を硫酸アンモニウムに，NO$_x$を硝酸アンモニウムとする同時脱硫・脱硝法。	米国，ドイツなどで長く実証試験が行われており，日本においても実証試験が実施されている。ボイラ，焼却炉などへの適用が期待されている。
湿 式	酸　化　還　元　法	オゾン，二酸化塩素，亜硫酸ナトリウム	NOをオゾンまたは二酸化塩素で酸化し，亜硫酸ナトリウム溶液に吸収させる方法。	比較的小型のボイラや加熱炉に数基採用されている。酸化剤として使用されるオゾン，二酸化塩素などが高価なため，大型装置への適用は難しい。

6.2　高温腐食および低温腐食

・・・

6.2.1　高温腐食

　ボイラなど一般の燃焼装置においては，燃料中に含まれるバナジウム（V），ナトリウム（Na），ニッケル（Ni）などの金属成分の酸化物を含有する灰が，過熱器・再熱器などの高温伝熱面に付着，溶融し，母材金属の酸化被膜を溶解させ，腐食を引き起こす現象を高温腐食という。

　とくに Na，K などアルカリ金属成分は硫黄酸化物と結合して硫酸ナトリウム（Na_2SO_4）などの硫黄物を生成する。また，バナジウムは $750\sim1\,500°C$ で五酸化バナジウム（V_2O_5）を生成するが，V_2O_5 は $675°C$ の融点以上になると融解して腐食を引き起こす。このような高温腐食をバナジウムアタックという。とくに Na_2SO_4 が共存すると，融点が低下する（$550\sim580°C$）とともに腐食量も増大する。雰囲気中に SO_3 があると腐食はさらに促進される。融点以下ならば灰が堆積してもスートブローなどで比較的簡単に除去でき，腐食は少ない。

　高温腐食防止対策には主に次のものがある。

　①高温部の過熱器，再熱器の伝熱面表面温度を下げるよう，伝熱面配置を考慮する。

　②付着物をできるだけ落とすようスートブロワを適切に配置する。

　③ドロマイト（$CaCO_3+MgCO_3$）などの添加剤の注入により灰の融点上昇を図り，高温部での灰付着を少なくする。

　④低バナジウム，低ナトリウムの燃料を使用する。

　⑤定期点検時などを利用し，スケールの除去を行う。

6.2.2　低温腐食

　燃料を燃焼すると燃料中の硫黄化合物は二酸化硫黄となり，その一部は三酸化硫黄（SO_3）に酸化される。SO_3 は水蒸気と反応して硫酸を生成し，低温伝熱面に凝縮して腐食障害を起こすことがある。これを低温腐食という。燃焼排

ガス中に硫酸が含まれると燃焼ガスの露点は急激に上昇する。これは燃料中の硫黄分，過剰空気比，水蒸気量，燃焼の方法などによって異なるが，最高160℃くらいまで上昇することがある。燃焼ガスの温度が酸露点に達すると硫酸が凝縮をはじめ，酸露点15〜40℃で凝縮量は最大になり，それにともない腐食量も最大になる。

低温腐食の防止法としては主に次のものがある。

①低硫黄分燃料を選択する。

②空気予熱器やエコノマイザの表面温度が酸露点以下にならないようにする。

③SO_3の中和のためのドロマイトやアンモニアなどを燃焼室内に添加する。

④$SO_2 \rightarrow SO_3$の転換率の低減を目的にした低空気比燃焼を行う。

HClも塩酸となってSO_3と同様，低温腐食を引き起こす。

〈参考・引用文献〉

1) エネルギー管理技術編集委員会編：新版エネルギー管理技術［熱管理編］(1995)，省エネルギーセンター

2) 工業技術院公害資源研究所熱管理講義技術編集委員会編：改訂7版 熱管理技術講義 (1979)，丸善

3) 大屋正明：熱管理士テキスト 5 (1993)，省エネルギーセンター

4) 日本機械学会：機械工学便覧 基礎編 応用編 (1993)，日本機械学会

5) 水谷幸夫：燃焼工学 (1977)，森北出版

6) 疋田強，秋田一雄：燃焼概論 (1971)，コロナ社

7) JIS，日本規格協会

6章の演習問題

＊解答は，p. 135 参照

[演習問題 6.1]

次の各項目について述べよ。

(1)　低酸素燃焼とその必要性

(2)　高温腐食と低温腐食

(3)　NO_x を抑制する燃焼法として，低 NO_x バーナのほかにどのような方法があるか（3つあげ，それぞれについて簡潔に説明のこと）。

1編の演習問題解答

[演習問題 1.1]

【解　答】

1―過剰空気	2―硫黄	3―爆発	4―乾性
5―湿性	6―CH_4	7―C_2H_6	8―C_3H_8
9―運搬	10―高	11―オクタン価	12―白灯油
13―煙点	14―セタン価（セタン指数）		15―動粘度
16― 2	17―70	18―70 〜 80	19―固定炭素
20―揮発分			

[演習問題 2.1]

【解　答】

1―ユンカース式流水	2―ガスクロマトグラフ	3―高
4―断熱ボンブ（ボンベ）	5―水分	6―灰分
7―揮発分	8―固定炭素	9―炭素
10―水素	11―酸素	12―無水
13―燃料比	14―リービッヒ	15―窒素

（5，6 及び 9，10，11 はそれぞれ順不同）

[演習問題 2.2]

【解　答】

①　気体燃料の高発熱量：JIS ではユンカース式流水形ガス熱量計によって測定することが規定されている。この測定原理は試料ガス約 10 L を一定気圧のもとで，同温度の空気を用いて熱量計本体内のバーナで完全燃焼し，発生した熱の総量を流水に吸収させる。そのときの試料ガス量，流水の入口，出口温度および水の流量を

測定して発生熱量を算出し，規定の補正を加えて標準状態の乾ガスの高発熱量とする。また，ガスクロマトグラフ分析方法で燃料ガスの各成分の体積〔％〕を知り，計算から求めることもできる。

② 重油中の残留炭素分：JIS ではコンラドソン法で測定することが規定されている。この測定法は規定のフタ付きるつぼに試料 10 g をとり，これを 2 重るつぼの中に入れて加熱し，発生した油蒸気を燃焼させたあと，残留物を強熱，放冷してから残留炭素の質量を測定する。なお，ISO にはラムスボトル法が規定されている。

③ 石炭中の全硫黄分：JIS ではエシュカ法と高温燃焼法が規定されている。エシュカ法は試料をエシュカ合剤とともに空気気流中で加熱し全硫黄を硫酸塩として固定する。これを水で抽出しろ過後，塩化バリウム溶液を用いて硫酸バリウムの沈殿を生成させ，その質量を測定して全硫黄を算出する。高温燃焼法では試料を酸素気流中で高温で加熱し，試料中の全硫黄を硫黄酸化物に変えたあと，過酸化水素中に補集し，水酸化ナトリウム標準液で中和滴定し，その量から算出する。

[演習問題 2.3]

【解　答】

① マクロケルダール法：液体燃料の窒素分試験方法
② ボタン法：石炭類の膨張性試験方法
③ ペンスキー・マルテンス密閉式：液体燃料の引火点試験方法

[演習問題 3.1]

【解　答】

1—バーナ	2—容器内	3—静止
4—可燃混合気	5—予混合燃焼	6—部分予混合燃焼
7—拡散燃焼	8—燃料	9—空気
10—燃料流	11—酸素	12—液面
13—拡散	14—ポット	15—伝幡

16—灯心　　　　17—毛細管　　　　18—対流

19—蒸発　　　　20—噴霧　　　　　21—微粒化

22—火格子燃焼　23—流動層燃焼　　24—微粉炭燃焼

25—火格子　　　26—耐火性物質　　27—流動層

28—低

［演習問題 4.1］

【解　答】

(1) ①油圧方式：燃料油に高い圧力をかけ，旋回流を与えて細孔から円すいの膜状に噴出させ霧化する方式のバーナである。構造上，大容量のものに適し，30〜3 000 L/h のものが使用されている。

　　特徴としては，広角度の火炎が得られるが，バーナの調節を油の供給圧力の変化によって行うため，調節範囲が狭い。

　　② 回転方式：回転方式のバーナは一般にロータリーバーナとよばれる。回転しているカップ基部から流出する油は，遠心力でカップ内面に沿って流れ，旋回液膜として流出する。これに高速の空気を吹き当てて微粒化させる方式のバーナである。中小型の燃焼装置で広く使用されている。

　　特徴としては，比較的広角の火炎が得られる。燃焼量は油圧を変化させて調整するが，油圧が霧化に影響を与えないので，低い圧力ですみ，また調整範囲も広い。

　　③ 高圧気流方式：高圧気圧，水蒸気を用いて霧化するバーナで，内部混気式と外部混気式がある。高温加熱炉用に広く用いられている。

　　特徴としては，粘度の高い油も良好に微粒化が可能で，微粒化特性のもっともすぐれたバーナである。また，燃焼量の調節範囲も広い。炎は狭角の長炎が得られる。

　　④ 低圧気流方式：低圧空気により微粒化させる形式のもので，油圧も低く，空気も送風機で得られる程度の圧力で供給される。2 〜300 L/h と小容量の燃料装置に用いられる。炎は比較的狭角の短炎が得られる。

(2) 燃焼装置において燃焼用空気を供給して燃焼を行い，排ガスとして排出するまでの流れを通風とよび，流れを発生させるのに煙突の吸引力だけを使用する

ものを自然通風方式，送風機を使用するものを強制通風方式という。強制通風
方式では送風機の設置場所によって３種類に分けられ，押込み送風機によって
燃焼室に空気を送り込むものを押込み通風方式，煙道の途中に排風機を設けて
排ガスを強制的に吸引するものを誘引通風方式，押込み送風機と排風機を併用
したものを平衡通風方式とよぶ。

(3) 燃焼装置においてノズルから噴出された燃料と燃焼用空気を効果的に混合さ
せ，確実なる点火から安定で良好な燃焼状態を得るための空気流の調整装置の
総称である。風箱，レジスタベーン，保炎器，バーナタイルからなる。

(4) 燃焼室の下部に置いた多孔板上に粒径 $1 \sim 5$ mm 程度の粗粒石炭を供給し，
多孔板から送り込んだ空気によって燃料の流動層をつくりながら燃焼させる方
法である。その特徴としては，①燃料と空気の接触がよいので燃焼室熱発生率
が高い。②低空気比燃焼が可能である。③伝熱性能が良好である。④層内に石
灰石粒子を送入することによって硫黄分の除去が可能である——などが考えら
れる。

［演習問題 5.1］

【解　答】

1 —熱伝導率法	2 —赤外線吸収法	3 —化学発光方式
4 —紫外線吸収方式	5 —磁気	6 —ジルコニア
7 —二酸化硫黄	8 〜 10	

8 〜 10 { 溶液導電率 / 赤外線吸収 / 紫外線吸収 }

［演習問題 6.1］

【解　答】

(1) 低酸素燃焼は燃料の燃焼に際して過剰空気量をきわめて少なく，理論空気量
近くで燃焼する方法である。その目的は，排ガスの顕熱損失量の減少，硫黄酸
化物による伝熱面低温腐食の防止，アシッドスマットの生成防止，窒素酸化物
の生成抑制，送風動力の減少などである。

(2) 本文の 6.2.1 項と 6.2.2 項を参照。

(3)　①排ガス循環燃焼

燃料排ガスの一部を燃焼用空気に混入して炉内に送り，主として火炎温度の低下によって低 NO_x 化を図る方法である。

②2段（多段）燃焼

燃焼用空気を2段に分けて供給し，1段目では空気比0.8程度の燃料過剰燃焼を行わせて温度と O_2 濃度の低下によって NO_x を抑制し，その後に所定の空気を加えて完全燃焼させる方法である。

③濃淡燃焼

複数のバーナのうち，何基かを燃料過剰状態で燃焼させ，残りを空気過剰で燃焼させて2段燃焼と同じ効果によって NO_x を抑制する方法である。

2編　燃焼計算

【記号表】

A	燃料単位量当たりの供給空気量	$(m^3{}_N/kg_{-f})$, $(m^3{}_N/m^3{}_{N-f})$
A_0	理論空気量	$(m^3{}_N/kg_{-f})$, $(m^3{}_N/m^3{}_{N-f})$
b_l	未燃物の生成量（燃料単位量当たり）	(kg/kg_{-f}), $(m^3{}_N/m^3{}_{N-f})$
$(CO_2)_{max}$	最大炭酸ガス濃度	$(m^3{}_N/m^3{}_N)$
c'	燃料中の炭素のうち完全燃焼した炭素量	(kg/kg_{-f})
c''	乾き燃焼ガス中の未燃炭素量	$(kg/m^3{}_N)$
c_{pO_2}, c_{pN_2}, c_{pCO_2}, ……	燃焼ガス中の各成分ガスの平均定圧比熱	$(kJ/(m^3{}_N \cdot K))$
c_{pm}	燃焼ガスの平均定圧比熱	$(kJ/(m^3{}_N \cdot K))$
f	ばいじん生成量（燃料単位量当たり）	(kg/kg_{-f})
G	燃焼ガス量（湿り燃焼ガス量）	$(m^3{}_N/kg_{-f})$, $(m^3{}_N/m^3{}_{N-f})$
G'	乾き燃焼ガス量	$(m^3{}_N/kg_{-f})$, $(m^3{}_N/m^3{}_{N-f})$
G_0	理論燃焼ガス量	$(m^3{}_N/kg_{-f})$, $(m^3{}_N/m^3{}_{N-f})$
G_0'	理論乾き燃焼ガス量	$(m^3{}_N/kg_{-f})$, $(m^3{}_N/m^3{}_{N-f})$
H_h	燃料の高発熱量	(MJ/kg_{-f}), $(MJ/m^3{}_{N-f})$
H_l	燃料の低発熱量	(MJ/kg_{-f}), $(MJ/m^3{}_{N-f})$
H_{bl}	未燃物の発熱量（未燃物の単位量当たり）	(MJ/kg), $(MJ/m^3{}_N)$
K_{p_1}, K_{p_2}, ……	燃焼の素反応における平衡定数	$(一)$
O_0	理論酸素量	$(m^3{}_N/kg_{-f})$, $(m^3{}_N/m^3{}_{N-f})$
p_{O_2}, p_{N_2}, p_{CO_2}, ……	燃焼ガス中の各成分ガスの分圧（体積割合）	$(一)$
Q_e	有効熱（燃料単位量当たり）	(MJ/kg_{-f}), $(MJ/m^3{}_{N-f})$
Q_f	燃焼排ガスの保有顕熱（燃料単位量当たり）	(MJ/kg_{-f}), $(MJ/m^3{}_{N-f})$
Q_r	燃焼ガスからの放散熱（燃料単位量当たり）	(MJ/kg_{-f}), $(MJ/m^3{}_{N-f})$
Q_p	燃料，空気の予熱顕熱（燃料単位量当たり）	(MJ/kg_{-f}), $(MJ/m^3{}_{N-f})$
T_g	燃焼ガス温度	(K), $(℃)$
T_{th}	断熱理論燃焼ガス温度	(K), $(℃)$
T_0	基準温度	(K), $(℃)$

u ばいじん中の未燃炭素の質量割合 〔kg/kg$_{-ばいじん}$〕

w_1 燃料の気乾ベースの水分 〔kg/kg$_{-f,\,気乾}$〕

w_2 燃料の使用時ベースの湿分 〔kg/kg$_{-f}$〕

α 空気比 〔―〕

η_c 燃焼効率 〔―〕

c, h, s, o, n, w, a

固体，液体燃料中の炭素，水素，硫黄，酸素，窒素，水分，灰分の質量割合 〔kg/kg$_{-f}$〕

$co, h_2, c_m h_n, o_2, n_2, co_2, h_2o$

気体燃料中の一酸化炭素，水素，炭化水素ガス，酸素，窒素，炭酸ガス，水蒸気などの各単体ガスの体積割合 〔m^3_N/m$^3_{N-f}$〕

$(O_2), (N_2), (CO_2), \cdots\cdots$

乾き燃焼ガス中の各成分ガスの体積割合 〔m^3_N/m^3_N〕

$(O_2)_w, (N_2)_w, (CO_2)_w, \cdots\cdots$

湿り燃焼ガス中の各成分ガスの体積割合 〔m^3_N/m^3_N〕

1章
燃焼計算の基礎

1.1 燃焼計算とは

　わが国においては，一次エネルギーの大部分を化石燃料に依存しており，燃料の燃焼およびそれによって発生する熱エネルギーの有効利用はきわめて重要である。

　Ⅲ巻　「燃料と燃焼」の課目においては，
・燃料の種類，性状などについての燃料概論，性状を知るための燃料試験方法
・火炎の構造や燃焼特性を支配するさまざまな基礎的な現象（燃焼基礎現象）
・省エネルギー，環境負荷物質の排出抑制，燃焼設備の保守などの燃焼管理
・燃焼管理の基礎となる燃焼計算
などが主な内容である。

　本編が対象とする「燃焼計算」とは，
・燃料が燃焼する前後において，物質がどのように変化するか
・燃焼の前後において各物質の量的関係はどのようになっているか
・燃焼においてどれだけの熱量が発生し，それがどのように分配されるか
などを計算し，適切な燃焼管理を行うための基礎情報を得るものである。**図1.1**に燃焼計算の対象を概念的に示すが，この概念図を参照して，具体的にどのような事項が燃焼計算の対象になるのかを以下に述べる。

　燃焼に関与する物質に着目すると，燃料と空気が燃焼室に供給され，燃焼した結果，燃焼ガスが排出される。この場合，燃焼管理上に必要とされる主要事項と，それを知るための計算を列挙すると，次のようになる。

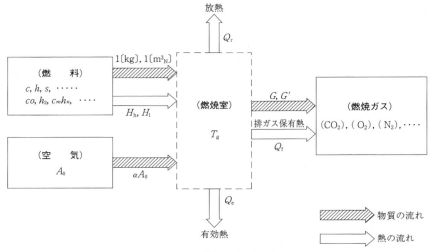

図 1.1　燃焼計算の対象

・燃料を完全燃焼させるのに必要な最小限の空気の量

　→　理論空気量 (A_0) の計算

・燃焼の結果，生成される燃焼ガスの量

　→　燃焼ガス量 (G, G') の計算

・燃焼排ガスの分析結果に基づき，適切な空気量が供給されているか，完全燃焼が行われているかなど，燃焼状況の判断

　→　燃焼ガス組成 ((O_2), (N_2), (CO_2), ……) の計算，空気比 (α) の計算

　また，熱の発生と分配に着目すると，燃料が保有する化学的なエネルギーが燃焼により熱エネルギーとして解放され，高温の燃焼ガスが生成される。発生した熱は有効熱 (Q_e) として被熱物に伝えられるが，一部は燃焼室外壁などから放熱 (Q_r) され，残りの熱は燃焼排ガスが保有する熱 (Q_f) として燃焼室から排出される。この場合，燃焼管理上，以下のような計算が必要とされる。

・燃料が保有する化学エネルギーの評価

　→　発熱量 (H_h, H_l) の計算

・燃料が保有する化学エネルギーのどれほどが熱エネルギーに変換されたか

　→　燃焼効率 (η_c) の計算

・被熱物への伝熱の評価

→　燃焼ガス温度（T_g）の計算

以上のような，燃焼管理に関連する各種の計算を理解し，熱管理の現場で活用できるようにすることが本編の目的である。

1.2　燃　料

燃料とは，その燃焼によって発生する熱を経済的に利用することができる可燃物質であって，その物理的性状から固体燃料，液体燃料および気体燃料の3種に大別することができる。固体燃料の代表的なものは石炭，コークスなどであり，液体燃料には重油，軽油，灯油，ガソリンなど，また気体燃料には都市ガス，LPG（プロパン，ブタンが主成分の液化石油ガス），天然ガス，高炉ガス，コークス炉ガスなどがある。

固体，液体燃料の主成分は炭素（C），水素（H）であるが，このほかに少量の硫黄（S），酸素（O），窒素（N），水分（H_2O）および灰分なども含まれていることがあり，これらの成分が化学的に複雑に結合している。気体燃料は一酸化炭素（CO），水素（H_2）およびメタン（CH_4）やプロパン（C_3H_8）のような炭化水素ガスなどの単体ガスの1種類，あるいは何種類かが混合したものであり，これらのほかに酸素（O_2），窒素（N_2），炭酸ガス（CO_2），水蒸気（H_2O）などが含まれている場合もある。

燃焼計算においては，単位量の燃料当たりについて，いろいろな計算を行うが，固体，液体燃料についてはその1 kg（慣用的に kg$_{-f}$ と表記する）を，気体燃料については $1\,m^3{}_N$[注]（慣用的に $m^3{}_{N-f}$ と表記する）を単位量にとることが多い。本書では，燃料の成分組成は以下のような記号を用いて表すことにす

注）　気体は，同一質量であっても，温度と圧力によってその体積が変わる。計算を行うごとに，その温度，圧力における体積を求めるのは面倒であるので，ある一定条件のもとでの体積を使用すると便利である。その一定条件とは，温度0℃（273.15 K），圧力0.101 3 MPa（1気圧）の状態で，これを標準状態といっている。標準状態における気体の体積であることを明示するために，〔$m^3{}_N$〕という単位記号を用い，標準立方メートル（慣用的には，ノルマル立方メートルあるいはノルマルリューベ）とよんでいる。燃焼計算では，気体燃料の量，燃焼に必要な空気量，燃焼ガス量などいろいろな気体の量が現れるが，これらを〔$m^3{}_N$〕の単位で表せば，いちいち温度，圧力の条件を提示しなくても，その絶対量が規定されて便利である。

る。固体，液体燃料の場合，燃料中の炭素，水素，硫黄，酸素，窒素，水分，灰分の質量割合（kg/kg$_{-f}$）をそれぞれ c, h, s, o, n, w, a と表す。

$$c+h+s+o+n+w+a=1 \qquad (1.1)$$

例えば，炭素 87 %，水素 13 %の灯油の場合には，$c=0.87$，$h=0.13$ であり，この灯油 1 kg 中には炭素が 0.87 kg，水素が 0.13 kg 含まれているということである。気体燃料の場合には，成分ガスである一酸化炭素，水素，炭化水素ガス，酸素，窒素，炭酸ガス，水蒸気などの各単体ガスの体積割合 m³/m³$_{N-f}$をそれぞれ co, h_2, c_mh_n, o_2, n_2, co_2, h_2o と表す。

$$co+h_2+\Sigma c_mh_n+o_2+n_2+co_2+h_2o = 1 \qquad (1.2)$$

例えば，体積割合が C$_4$H$_{10}$ 60 %，C$_3$H$_8$ 40 %の LP ガスの場合は，$c_4h_{10}=0.6$，$c_3h_8=0.4$ ということになる。上式中の Σc_mh_n は，いくつかの炭化水素ガスが含まれている場合に，それぞれの体積割合を総和することを意味している。

1.3 燃焼反応方程式

燃焼反応前後の量的関係を式で表したものを燃焼反応方程式という。例えば，水素と酸素が反応して（すなわち燃焼して），水蒸気を生じることは次のように書き表される。

$$2\,H_2+O_2 = 2\,H_2O$$

実際の燃焼室内の反応では，H$_2$と O$_2$のすべてが瞬時に H$_2$O に変化するわけではなく，多数の素反応を経由して，ある速度（単位時間当たりの反応量）で H$_2$O が生成されていく。そして，同時に H$_2$O が H$_2$ と O$_2$に分解する反応も起きており，ある時間が経過すると H$_2$，O$_2$，H$_2$O のそれぞれは，その温度によって決定されるある一定の割合で存在し，その後は変化しなくなる（反応が停止したわけではなく H$_2$O の生成速度と分解速度が同一になる）。この状態を平衡状態という。しかし，一般に，燃料中の可燃成分が燃焼したあとの平衡状態においては，反応物に対する生成物の割合は圧倒的に大きく，燃焼ガスの温度が著しく高温でない場合には，反応物はすべて生成物に変化すると考えて差し支えない。

燃焼反応方程式は以下のような意味を表している。

（a）　反応前後の物質の種類を示す。

（b）　反応に関与する物質の質量関係を示す。すなわち，上述した水素と酸素の反応では，水素2分子と酸素1分子とが反応して水蒸気2分子を生じることを表しており，2 kmol（2×2 kg）の水素と1 kmol（1×32 kg）の酸素から2 kmol（2×18 kg）の水蒸気が生成されると理解することもできる[注1]。

（c）　反応前後の物質が気体の場合は，反応前後の各気体の体積関係がわかる。上記の反応では，水素 2×22.4 m^3_N と酸素 1×22.4 m^3_N が化合して 2×22.4 m^3_N の水蒸気ができることを示している。すなわち，反応に関与する気体物質間の体積比は各分子式の係数の比となる（$H_2 : O_2 : H_2O = 2 : 1 : 2$）[注2]。

（d）　反応に関与するそれぞれの原子について，反応方程式の左辺および右辺における原子の総数は相等しい[注3]。

後出の1.4，1.5節で，燃焼計算の基本となるいくつかの燃焼反応方程式が

注1）　ある物質の分子あるいは原子を 6.022×10^{23}（アボガドロ数）個集めた集団を1モル（mol）といい，その1 000倍が1 kmolである。分子あるいは原子1 kmolの質量は，その分子量あるいは原子量の数値に kg の単位をつけたものである。したがって，例えば，炭素原子1 kmolの質量は12 kgであり，酸素分子1 kmolは32 kgである。

注2）　どのような気体でも，同じ数の分子の集団は同温，同圧のもとでは同体積になり（アボガドロの法則），アボガドロ数個の気体分子の集団（1 mol）の体積は $22.4\times10^{-3} m^3_N$ であることがわかっており，これをモル体積とよんでいる。つまり，いかなる気体でも，その1 kmolは 22.4 m^3_N である。したがって，例えば，酸素の場合には，

$$1 \text{ kmol} = 32 \text{ kg} = 22.4 \text{ m}^3_N$$
$$(1/22.4) \text{ kmol} = (32/22.4) \text{ kg} = 1 \text{ m}^3_N$$

という関係にある。（厳密には，これは理想気体について言えることである。しかしながら，実際の気体と理想気体との差異による影響はさほど大きくなく，燃焼計算において取り扱う気体は理想気体とみなして差し支えない。）

注3）　このことから，反応前後の物質の種類（分子式）がわかれば，反応方程式を決定することができる。例えば，炭化水素ガス（C_mH_n）が酸素と反応して炭酸ガス（CO_2）と水蒸気（H_2O）が生成する場合，

$$C_mH_n + x O_2 = y \text{ } CO_2 + z \text{ } H_2O$$

と表され，C，H，O のそれぞれについて左辺，右辺における原子数の総和を等置すると，

$$C : m = y$$
$$H : n = 2z$$
$$O : 2x = 2y + z$$

　これらを解いて，$x = (m+n/4)$，$y = m$，$z = n/2$ が得られ，1 kmol の C_mH_n と $(m+n/4)$〔kmol〕の酸素が反応して，m〔kmol〕の炭酸ガスと $n/2$〔kmol〕の水蒸気が生成するという反応方程式が決定される。

表 1.1　燃焼計算に関与する物質の原子量および分子量

物質の種類	元素記号	原子量 (厳密値)	原子量 (概略値)	分 子 式	分子量 (概略値)
炭　　　素	C	12.011	12		
水　　　素	H	1.008 0	1	H_2	2
酸　　　素	O	15.999 4	16	O_2	32
窒　　　素	N	14.006 7	14	N_2	28
硫　　　黄	S	32.064	32		
二酸化炭素 （炭酸ガス）				CO_2	44
一酸化炭素				CO	28
二酸化硫黄 （亜硫酸ガス）				SO_2	64
水蒸気(水)				H_2O	18
メ タ ン				CH_4	16
プ ロ パ ン				C_3H_8	44

示されるが，反応前後の各物質の質量や体積を計算するためには，燃焼に関与する物質の原子量や分子量が必要であり，それらを**表 1.1**に示す。燃焼計算において，実用上必要とされる数値計算精度は有効数字3桁程度であるから，普通は，表中の概略値を使用して差し支えない。

1.4　固体，液体燃料の燃焼における反応方程式

　固体，液体燃料が燃焼する際の，各成分元素についての反応方程式を**表 1.2**に示す。表中のⅠは炭素が完全燃焼する場合の反応方程式である。炭素1 kmol (12 kg) が酸素1 kmol (32 kg, 22.4 m³ₙ) と反応し，二酸化炭素（炭酸ガス）1 kmol (44 kg, 22.4 m³ₙ) が生成することが示されている。また，燃料1 kg 中に炭素がc〔kg〕含まれていると，このc〔kg〕の炭素は$c/12$〔kmol〕であるから，それが完全燃焼するためには$(c/12) \times 22.4$〔m³ₙ〕のO_2が必要であり，完全燃焼の結果，$(c/12) \times 22.4$〔m³ₙ〕のCO_2が生成されることがわかる。Ⅱは炭素の不完全燃焼の場合であり，c〔kg〕の炭素と$(c/12) \times (22.4/2)$〔m³ₙ〕の酸素から$(c/12) \times 22.4$〔m³ₙ〕の一酸化炭素が生成する。Ⅲは水素の完全燃焼であり，h〔kg〕の水素と$(h/4) \times 22.4$〔m³ₙ〕の酸素が反応し，$(h/2) \times 22.4$〔m³ₙ〕の水蒸気が生成する。Ⅳは硫黄の完全燃焼であり，s

表 1.2　固体，液体燃料の燃焼における反応方程式

	C	+	O_2	=	CO_2	(1.3)

I

$$C + O_2 = CO_2 \quad (1.3)$$

$$\begin{cases} 1\ [\mathrm{kmol}] \\ 12\ [\mathrm{kg}] \end{cases} \quad \begin{cases} 1\ [\mathrm{kmol}] \\ 32\ [\mathrm{kg}] \\ 22.4\ [\mathrm{m^3_N}] \end{cases} \quad \begin{cases} 1\ [\mathrm{kmol}] \\ 44\ [\mathrm{kg}] \\ 22.4\ [\mathrm{m^3_N}] \end{cases}$$

$$c\ [\mathrm{kg}] \qquad \frac{c}{12} \times 22.4\ [\mathrm{m^3_N}] \qquad \frac{c}{12} \times 22.4\ [\mathrm{m^3_N}]$$

II

$$C + \frac{1}{2} O_2 = CO \quad (1.4)$$

$$\begin{cases} 1\ [\mathrm{kmol}] \\ 12\ [\mathrm{kg}] \end{cases} \quad \begin{cases} 1/2\ [\mathrm{kmol}] \\ 32/2\ [\mathrm{kg}] \\ 22.4/2\ [\mathrm{m^3_N}] \end{cases} \quad \begin{cases} 1\ [\mathrm{kmol}] \\ 28\ [\mathrm{kg}] \\ 22.4\ [\mathrm{m^3_N}] \end{cases}$$

$$c\ [\mathrm{kg}] \qquad \frac{c}{12} \times \frac{22.4}{2}\ [\mathrm{m^3_N}] \qquad \frac{c}{12} \times 22.4\ [\mathrm{m^3_N}]$$

III

$$H + \frac{1}{4} O_2 = \frac{1}{2} H_2O \quad (1.5)$$

$$\begin{cases} 1\ [\mathrm{kmol}] \\ 1\ [\mathrm{kg}] \end{cases} \quad \begin{cases} 1/4\ [\mathrm{kmol}] \\ 32/4\ [\mathrm{kg}] \\ 22.4/4\ [\mathrm{m^3_N}] \end{cases} \quad \begin{cases} 1/2\ [\mathrm{kmol}] \\ 18/2\ [\mathrm{kg}] \\ 22.4/2\ [\mathrm{m^3_N}] \end{cases}$$

$$h\ [\mathrm{kg}] \qquad h \times \frac{22.4}{4}\ [\mathrm{m^3_N}] \qquad h \times \frac{22.4}{2}\ [\mathrm{m^3_N}]$$

IV

$$S + O_2 = SO_2 \quad (1.6)$$

$$\begin{cases} 1\ [\mathrm{kmol}] \\ 32\ [\mathrm{kg}] \end{cases} \quad \begin{cases} 1\ [\mathrm{kmol}] \\ 32\ [\mathrm{kg}] \\ 22.4\ [\mathrm{m^3_N}] \end{cases} \quad \begin{cases} 1\ [\mathrm{kmol}] \\ 64\ [\mathrm{kg}] \\ 22.4\ [\mathrm{m^3_N}] \end{cases}$$

$$s\ [\mathrm{kg}] \qquad \frac{s}{32} \times 22.4\ [\mathrm{m^3_N}] \qquad \frac{s}{32} \times 22.4\ [\mathrm{m^3_N}]$$

V

$$N = \frac{1}{2} N_2 \quad (1.7)$$

$$\begin{cases} 1\ [\mathrm{kmol}] \\ 14\ [\mathrm{kg}] \end{cases} \quad \begin{cases} 1/2\ [\mathrm{kmol}] \\ 28/2\ [\mathrm{kg}] \\ 22.4/2\ [\mathrm{m^3_N}] \end{cases}$$

$$n\ [\mathrm{kg}] \qquad \frac{n}{14} \times \frac{22.4}{2}\ [\mathrm{m^3_N}]$$

VI

$$H_2O = H_2O \quad (1.8)$$

$$\begin{cases} 1\ [\mathrm{kmol}] \\ 18\ [\mathrm{kg}] \end{cases} \quad \begin{cases} 1\ [\mathrm{kmol}] \\ 18\ [\mathrm{kg}] \\ 22.4\ [\mathrm{m^3_N}] \end{cases}$$

$$w\ [\mathrm{kg}] \qquad \frac{w}{18} \times 22.4\ [\mathrm{m^3_N}]$$

〔kg〕の硫黄と $(s/32) \times 22.4$ 〔m³ₙ〕の酸素から $(s/32) \times 22.4$ 〔m³ₙ〕の二酸化硫黄(亜硫酸ガス)が生成する[注1]。固体，液体燃料中の可燃元素は C, H, S であり，I～IV が燃焼熱の発生をともなう反応方程式である。V は燃料中の窒素が燃焼過程で窒素ガスになることを意味しており，n〔kg〕の窒素より $(n/28) \times 22.4$〔m³ₙ〕の窒素ガスが発生する[注2]。VI は燃料中の水分 w〔kg〕が $(w/18) \times 22.4$〔m³ₙ〕の水蒸気になることを示している。

1.5　気体燃料の燃焼における反応方程式

気体燃料を構成する単体ガスの反応方程式を**表1.3**に示す。I は一酸化炭素の完全燃焼である。1 kmol (22.4 m³ₙ) の CO の完全燃焼には 1/2 kmol (22.4/2 m³ₙ) の O_2 が必要であり，反応の結果，1 kmol (22.4 m³ₙ) の CO_2 が生成される。したがって，気体燃料 1 m³ₙ 中の CO の体積割合が co〔m³ₙ/m³ₙ₋f〕であれば，$(1/2)\,co$〔m³ₙ〕の O_2 と反応して co〔m³ₙ〕の CO_2 が生成することになる。II の水素ガスの完全燃焼の場合は，h_2〔m³ₙ〕の H_2 と $(1/2)\,h_2$〔m³ₙ〕の O_2 から h_2〔m³ₙ〕の H_2O ができる。III は炭化水素ガスの完全燃焼を一般的に記述したものである。例えば，メタンガス (CH_4) の場合には，$m=1$, $n=4$ であるから，ch_4〔m³ₙ〕の CH_4 と $2\,ch_4$〔m³ₙ〕の O_2 が反応し，ch_4〔m³ₙ〕の CO_2 と $2ch_4$〔m³ₙ〕の H_2O が生成されることになる。

気体燃料の燃焼計算では，燃料 1 m³ₙ 当たりについて計算を行うのが便利であるため，表1.3 では燃焼前後の物質の体積〔m³ₙ〕を表示しているが，固体，

注1)　硫黄の燃焼反応としては $S + (3/2)O_2 = SO_3$ もある。この SO_3 は，さらに H_2O と反応して H_2SO_4 となり，これがボイラの低温伝熱面に凝縮すると腐食の原因になる。しかし，SO_2 に比較して SO_3 の生成割合は小さいので，燃焼計算においては，とくにことわりのない限り，硫黄の完全燃焼としては式 (1.6) だけを考えればよい。

注2)　燃料中の窒素の反応には $N + (1/2)O_2 = NO$，$N + O_2 = NO_2$ などがあり，このような反応から生成される窒素酸化物は代表的な大気汚染物質の1つである。燃料中の窒素のうち窒素酸化物になる割合は燃焼条件によって異なるが，燃料中の窒素含有割合は C, H などに比べて非常に小さいために，燃料の完全燃焼に必要な空気量や生成される燃焼ガス量の計算などにおいては，窒素の反応による影響は無視できる。したがって，簡単のために，燃焼計算においては燃料中の窒素はすべて窒素ガスになるものとみなしている。

表1.3　気体燃料の燃焼における反応方程式

I	CO	$+$	$\frac{1}{2} O_2$	$=$	CO_2	(1.9)
	$\begin{cases} 1 \ [kmol] \\ 22.4 \ [m^3_N] \end{cases}$		$\begin{cases} 1/2 \ [kmol] \\ 22.4/2 \ [m^3_N] \end{cases}$		$\begin{cases} 1 \ [kmol] \\ 22.4 \ [m^3_N] \end{cases}$	
	$co \ [m^3_N]$		$\frac{1}{2}co \ [m^3_N]$		$co \ [m^3_N]$	

II	H_2	$+$	$\frac{1}{2} O_2$	$=$	H_2O	(1.10)
	$\begin{cases} 1 \ [kmol] \\ 22.4 \ [m^3_N] \end{cases}$		$\begin{cases} 1/2 \ [kmol] \\ 22.4/2 \ [m^3_N] \end{cases}$		$\begin{cases} 1 \ [kmol] \\ 22.4 \ [m^3_N] \end{cases}$	
	$h_2 \ [m^3_N]$		$\frac{1}{2}h_2 \ [m^3_N]$		$h_2 \ [m^3_N]$	

III	C_mH_n	$+$	$\left(m+\frac{n}{4}\right) O_2$	$=$	$m\,CO_2$	$+$	$\frac{n}{2} H_2O$	(1.11)
	$\begin{cases} 1 \ [kmol] \\ 22.4[m^3_N] \end{cases}$		$\begin{cases} \left(m+\frac{n}{4}\right) [kmol] \\ \left(m+\frac{n}{4}\right)\times22.4[m^3_N] \end{cases}$		$\begin{cases} m \ [kmol] \\ m\times22.4[m^3_N] \end{cases}$		$\begin{cases} \frac{n}{2} \ [kmol] \\ \frac{n}{2}\times22.4[m^3_N] \end{cases}$	
	$c_mh_n[m^3_N]$		$\left(m+\frac{n}{4}\right)c_mh_n[m^3_N]$		$m\,c_mh_n[m^3_N]$		$\frac{n}{2}c_mh_n[m^3_N]$	

液体燃料の場合と同様に，燃料の単位質量当たりの必要酸素量，生成ガス量を計算してもよい。

[例題 1.1]

　メタノール（CH_3OH）1kg を完全燃焼させるために，ちょうど必要なだけの酸素の量〔m^3_N〕およびその場合に生成するガスの量〔m^3_N〕を求めよ。

【解　答】

CH_3OH に含まれる可燃元素は C, H であるから，完全燃焼すればこれらは CO_2，H_2O になる。したがって，燃焼反応方程式は，x, y, z を未知数として，

$$CH_3OH + xO_2 = yCO_2 + zH_2O$$

と書ける。反応の前後において，各元素の原子数は一致していなくてはならないから，

Cについて　反応前：1　　　　反応後：y　　　$\therefore$　$y=1$

Hについて　反応前：4　　　　反応後：$2z$　　　$\therefore$　$z=2$

Oについて　反応前：$1+2x$　　反応後：$2y+z$　$\therefore$　$x=3/2$

したがって，反応方程式は，

$$CH_3OH + (3/2)O_2 = CO_2 + 2H_2O$$

CH_3OH の分子量は $12 \times 1 + 1 \times 4 + 16 \times 1 = 32$ であるから，その1 kmol は 32 kg であり，CH_3OH の1 kg について，完全燃焼に必要な O_2 は，

$$(1/32) \times (3/2)\,kmol = (1/32) \times (3/2) \times 22.4\,m^3_N = 1.05\,m^3_N$$

生成する CO_2 は，

$$(1/32) \times 1\,kmol = (1/32) \times 22.4\,m^3_N = 0.7\,m^3_N$$

生成する H_2O は，

$$(1/32) \times 2\,kmol = (1/32) \times 2 \times 22.4\,m^3_N = 1.4\,m^3_N$$

[例題 1.2]

> 　炭素を 20 kg 燃焼させたとき，炭酸ガスが 28 m³ₙ でき，残りのガスは
> 一酸化炭素であることがわかった。炭酸ガスおよび一酸化炭素になった炭
> 素の質量，ならびに生成された一酸化炭素の量〔m³ₙ〕を求めよ。

【解　答】

　炭酸ガスの体積がわかっているから，表1.2の式 (1.3) によって，炭酸ガスになった炭素の量が求められる。炭酸ガス1 m³ₙ 当たりの反応炭素量は 12/22.4 kg/m³ₙ であるから，CO_2 28 m³ₙ については $28 \times (12/22.4) = 15$ kg。一酸化炭素になった炭素量は，$20-15 = 5$ kg。生成した一酸化炭素量は式 (1.4) により，$(5/12) \times 22.4 = 9.33\,m^3_N$。

【別　解】

　表1.2の式(1.3)，(1.4)をみると，炭素1 kg 当たりに生成する CO_2 と CO の量は，いずれも $(1/12) \times 22.4\,m^3_N$ である。したがって，炭素 20 kg から生ずる CO_2 と CO の合計量は，$(20/12) \times 22.4 = 37.33\,m^3_N$ となる。そのうち 28 m³ₙ が CO_2 であるから，CO は $37.33 - 28 = 9.33\,m^3_N$ である。ゆえに，CO になった炭素量は $9.33 \times (12/22.4) = 5$ kg。

［例題 1.3］

　体積割合が C_4H_{10} 60 ％，C_3H_8 40 ％の LP ガス 1 $m^3{}_N$ の完全燃焼に必要な O_2 量〔$m^3{}_N$〕および完全燃焼により生成する CO_2 と H_2O の量〔$m^3{}_N$〕を計算せよ。

【解　答】

　C_4H_{10} および C_3H_8 の燃焼反応方程式は以下のようになる（表1.3の式(1.11)参照）。

$$C_4H_{10}+6.5\,O_2 = 4\,CO_2+5\,H_2O$$
$$C_3H_8+5\,O_2 = 3\,CO_2+4\,H_2O$$

したがって，必要酸素量は，

$$0.6\times6.5+0.4\times5 = 5.9\,m^3{}_N/m^3{}_{N-f}$$

生成 CO_2 は

$$0.6\times4+0.4\times3 = 3.6\,m^3{}_N/m^3{}_{N-f}$$

生成 H_2O は

$$0.6\times5+0.4\times4 = 4.6\,m^3{}_N/m^3{}_{N-f}$$

1章の演習問題

＊解答は，p. 212 参照

［演習問題 1.1］

体積割合が C_4H_{10} 60 ％，C_3H_8 40 ％の LP ガス 1 kg の完全燃焼に必要な O_2 量〔m^3_N〕および完全燃焼により生成する CO_2 と H_2O の量〔m^3_N〕を計算せよ。

2章
理論空気量の計算

2.1　空気の組成

　燃焼計算では，1章で述べた燃焼反応方程式による燃料中の可燃成分と酸素との反応が基本となるが，通常の燃焼装置では酸素源として空気を使用するので，燃焼室には酸素に付随して空気中の窒素（N_2）やアルゴン（Ar）なども供給されることになる。そこで，空気中の各種ガスの成分割合を知っておく必要があるが，地上（海面高さ）における空気の組成（水蒸気を除く）は場所によらずほとんど一定であり，その正確な値は**表 2.1** に示すとおりである。

表 2.1　空気の組織（海面レベルの地上，水蒸気を除く）

組　成	O_2	N_2	Ar	CO_2	Ne	He
体積割合	0.209 50	0.780 9	0.009 3	0.000 30	0.000 018	0.000 005 2
質量割合	0.231 50	0.755 2	0.001 28	0.000 46	0.000 012	0.000 000 7

　表中の数値は，地域による変化はほとんどないが，海面からの高度によって若干変化する。空気中の酸素以外のガス成分は燃焼反応に関与しない不活性成分とみなせるので，燃焼計算においては空気中の酸素の割合がとくに重要である。そこで，**表 2.2** のように，空気中の酸素の体積割合は 0.210，質量割合は 0.232 とし，残りはすべて窒素であるとして扱うことにしている。この数値は，燃焼計算において頻繁に使用されるので記憶しておく必要がある。

表 2.2　燃焼計算で使用する概略空気組成

組　成	O_2	N_2
体積割合	0.210	0.790
質量割合	0.232	0.768

2.2   固体，液体燃料の理論空気量

....

　前章の表1.2に固体，液体燃料の燃焼における反応方程式を示した。表中の数値は各可燃元素が理論的にちょうど必要なだけの酸素と反応した場合であり，これをもとに，空気で燃焼した場合を考えてみる。

　まず，炭素の完全燃焼についての燃焼反応方程式（表1.2のⅠ）の意味するところは，Cの1 kmol（12 kg）はO_2の

1 kmol（32 kg）

22.4 m^3_N

と反応して完全燃焼し，CO_2が

1 kmol（44 kg）

22.4 m^3_N

生成する。したがって，Cの1 kgについてみると，それが完全燃焼する際にO_2は，

(1/12) kmol {(1/12)×32 kg}

(1/12)×22.4 m^3_N

消費され，CO_2が，

(1/12) kmol {(1/12)×44 kg}

(1/12)×22.4 m^3_N

生成する。

　ここで，空気を用いて燃焼させる場合には，空気中のO_2の質量割合は0.232，体積割合は 0.21 であるからCの1 kgの完全燃焼に必要な空気量は，

(1/12)×(32/0.232) kg

(1/12)×(22.4/0.21) m^3_N

となる。また，空気はO_2とN_2だけから成ると考えるから，空気中にはO_2に付随してN_2が，

(1/12)×(32/0.232)×(1−0.232) kg

(1/12)×(22.4/0.21)×(1−0.21) m^3_N

存在し，これは燃焼反応に関与しないから，そのまま燃焼生成物のCO_2とと

もに燃焼ガス中に残存することになる。表 1.2 のほかの 3 つの反応について
も，同様にして必要空気量が計算される。つまり，固体，液体燃料中の可燃成
分が空気で燃焼する場合，必要空気量は，

（必要空気量〔kg〕）＝（必要酸素量〔kmol〕）×（32/0.232）

（必要空気量〔m³ℕ〕）＝（必要酸素量〔kmol〕）×（22.4/0.21）

となる。

　このようにして計算される必要空気量は，それぞれの反応について理論的に
ちょうど必要なだけの空気で燃焼する場合である。もし，空気量がこれよりも
少ない場合には，それぞれの可燃元素のすべては反応を完結することができな
い。燃焼管理においては，まず，与えられた燃料を完全燃焼することが重要で
あるから，燃料中の可燃元素のすべてが完全燃焼するための必要最小限の空気
量を知る必要がある。この空気量のことを理論空気量といい，A_0 という記号
で表示する。表 1.2 に基づいて，可燃元素 C, H, S それぞれの単位質量（1
kg）当たりの理論空気量は計算できるから，固体，液体燃料中の各成分の質
量割合〔kg/kg₋f〕がわかれば，その燃料の単位質量当たりの理論空気量は，
各可燃元素の理論空気量の総和として計算できる。

　理論空気量の計算は，燃料の完全燃焼に必要な酸素量（空気量）を計算する
ことであるから，燃焼反応に関与しない（すなわち酸素を必要としない）窒
素，水分，灰分などは計算には関係しない。しかし，燃料中に酸素が含まれて
いる場合には，以下に述べるような配慮をしなければならない。燃料中の酸素
がどのような結合状態で存在しているかは，元素分析結果からでは不明である
が，いま，燃料中の酸素は，すべて水素と結合して H_2O の状態で存在してい
るものと仮定してみる（ただし，これは工業分析値の水分 w とは別個のもの
である）。すると，

$$H_2 \quad + \quad (1/2)O_2 \quad = \quad H_2O$$

$$2\,kg \qquad (1/2)\times 32\,kg \qquad 18\,kg$$

$$(1/8)\,kg \quad 1\,kg \qquad\qquad (9/8)\,kg$$

という関係より，H_2O 中では酸素 1 kg に対して水素 (1/8) kg という割合で結
合しているから，水素 h〔kg/kg₋f〕のうち，すでに $(o/8)$〔kg/kg₋f〕は H_2O
になっているわけであり，空気中の酸素と反応する水素の量は $\{h-(o/8)\}$

〔kg/kg−f〕ということになる。このような考え方から，$\{h-(o/8)\}$ を有効水素とよぶこともある。もし，燃料中の酸素が水素と結合しておらず，まったく独立に存在しているとしても，水素のうちの $(o/8)$〔kg/kg−f〕は，燃料が分解することによって生ずる酸素と反応して完全燃焼できるわけであるから，空気中の酸素を必要とする水素の量は，やはり $\{h-(o/8)\}$〔kg/kg−f〕となる[注]。

表1.2 より，炭素 c〔kg/kg−f〕の完全燃焼に必要な酸素量は $(c/12)$〔kmol〕，水素 $\{h-(o/8)\}$〔kg/kg−f〕の必要酸素量は $\{h-(o/8)\}/4$〔kmol〕，硫黄 s〔kg/kg−f〕の必要酸素量は $(s/32)$〔kmol〕である。したがって，

（理論空気量〔kg/kg−f〕）

$\quad = \{\Sigma(\text{各可燃元素の必要酸素量〔kmol/kg〕})\} \times (32/0.232)$

（理論空気量〔m³N/kg−f〕）

$\quad = \{\Sigma(\text{各可燃元素の必要酸素量〔kmol/kg〕})\} \times (22.4/0.21)$

という考え方により，燃料1kg 当たりの理論空気量は次式で表される。

$$A_0 = (32/0.232)\left\{\frac{c}{12} + \left(h-\frac{o}{8}\right)\Big/4 + \frac{s}{32}\right\} \text{〔kg/kg−f〕} \qquad (2.1)$$

$$A_0 = (22.4/0.21)\left\{\frac{c}{12} + \left(h-\frac{o}{8}\right)\Big/4 + \frac{s}{32}\right\} \text{〔m³N/kg−f〕} \qquad (2.2)$$

式(2.1)，(2.2)をみると，理論空気量 A_0 は燃料の成分組成だけを未知数として計算されるから，その燃料に固有の値であることがわかる（燃料の成分組成が既知であれば，それから理論空気量が計算できる，という意味合いを次のように表しておく）。

$$(A_0) \Leftarrow (fuel)$$

特殊な燃焼方法として，通常の空気（大気）ではなく，空気に酸素を加えたもの（酸素富化空気とよぶ）を使用することがある。後出の計算で理解されようが，酸素富化空気を使用すると，通常空気での燃焼に比較して，燃焼ガス量が減少し，燃焼ガス温度が上昇する。酸素富化空気を用いた場合には，酸素含

注) 燃料中の酸素が水素と化学的に結合しているかどうかによって，その燃料が保有する化学エネルギーには明らかに差が生じるため，燃料の発熱量は違ったものとなる。しかし，理論空気量や燃焼ガス量などの計算においては，いずれであっても計算結果は同一である。

有割合が通常空気とは異なるので，式(2.1)，(2.2) 中の 0.232，0.21 の値を変更することになる。

2.3　気体燃料の理論空気量

　気体燃料の理論空気量は，固体，液体燃料の場合とまったく同様の考え方で計算され，気体燃料を構成する各単体ガスの完全燃焼に必要な空気量を合計すればよい。

(理論空気量〔m^3_N/m^3_{N-f}〕) = {Σ(各単体ガスの必要酸素量〔m^3_N/m^3_N〕)} × (1/0.21)

　気体燃料の成分組成（体積割合）を式 (1.2) のように表すと，表 1.3 を参照して，co〔m^3_N/m^3_{N-f}〕の CO の完全燃焼に必要な酸素量は $(1/2)\, co$〔m^3_N〕，h_2〔m^3_N/m^3_{N-f}〕の H_2 の必要酸素量は $(1/2)\, h_2$〔m^3_N〕，$c_m h_n$〔m^3_N/m^3_{N-f}〕の $C_m H_n$ の必要酸素量は $\{m+(n/4)\}$〔m^3_N〕である。燃料中に酸素が o_2〔m^3_N/m^3_{N-f}〕含まれていると，その分だけ空気からの酸素は少なくてよいから，気体燃料 $1\,m^3_N$ に対する理論空気量は，

$$A_0 = (1/0.21)\left\{(1/2)\,co + (1/2)\,h_2 + \Sigma\left(m+\frac{n}{4}\right)c_m h_n - o_2\right\}\ 〔m^3_N/m^3_{N-f}〕 \qquad (2.3)$$

と表される。A_0 は固体，液体燃料の場合と同様に，燃料の成分組成だけから決定され，その燃料に固有の値である。

2.4　空気比およびその燃焼管理上の意義

　式(2.1)，(2.2)，(2.3)で求めた空気量は単位量の燃料が完全燃焼するのにちょうど必要なだけの空気量である。工業用の燃焼装置では燃料と空気をそれぞれ別々に供給し，燃焼室内でこれらを混合して燃焼させる方式が多い（拡散燃焼方式）。その場合，燃焼室全体にわたって燃料と空気を均一に混合することは困難であり，理論空気量だけ供給したのでは，どうしても完全燃焼するのに空気が不足となる部分が生じる。そうすると，燃焼排ガス中に未燃焼の CO が，また，空気不足が著しい場合には H_2，CH_4 などの可燃性のガスが排出され，これらの保有する燃焼熱は有効に利用できないことになってしまう。したがって，実際には理論空気量よりもいくぶん多い空気量を供給するのが普通で

あり，実際に投入する空気量と理論空気量との比を空気比あるいは空気過剰係数（記号 α で表示する）という[注]。

$$（空気比）＝（実際投入空気量）/（理論空気量）$$

実際に投入する空気量を A で表すと，

$$A = \alpha A_0 \tag{2.4}$$

であり，理論空気量よりも過剰な空気量は $(\alpha-1)\,A_0$ となる。

一方，燃料を完全燃焼すればよいからといって理論空気量よりも著しく多い空気量を投入すると，あとで計算するように，燃焼ガス量が多くなり，燃焼室内の温度が低下したり，燃焼排ガスがもち去る熱量が増加するなど，熱の有効利用という点で好ましくないことになる。したがって，燃焼管理のうえで，空気比の設定（すなわち投入空気量の設定）はきわめて重要な意味をもっている。後述するように，空気比は燃焼排ガスの分析結果から計算することができるので，実際の燃焼装置では，燃焼排ガス分析を行うことにより燃焼状態を監視することがよくなされている。

［例題 2.1］

> 下記組成（質量割合）の石炭の理論空気量〔$m^3{}_N/kg_{-f}$〕を計算せよ。
> C：69.1％，H：4.5％，S：0.5％，O：7.3％，N：1.6％，
> 水分：3.5％，灰分：13.5％

【解　答】

式 (2.2) において，$c=0.691$，$h=0.045$，$o=0.073$，$s=0.005$ である。したがって，

注）　内燃機関やガスタービンなどでは，供給する燃料と空気の量的関係を表すのに，以下のような表示法も用いられている。
・燃空比＝（燃料質量）/（空気質量）
・空燃比＝（空気質量）/（燃料質量）
　燃空費は空燃比の逆数である。空気質量が理論空気量の場合を，それぞれ理論燃空費，理論空燃比とよぶ。
・当量比＝（実際燃空費）/（理論燃空費）
　当量比は空気比の逆数に相当する。

$$A_0 = (22.4/0.21)[(0.691/12)+\{0.045-(0.073/8)\}/4+(0.005/32)]$$
$$= 7.12 \, \mathrm{m^3_N/kg_{-f}}$$

[例題 2.2]

> 炭素87％，水素13％の重油を毎時150 kg燃焼する炉がある。空気比1.2で燃焼しようとするとき，投入すべき空気量〔$\mathrm{m^3_N/h}$〕を求めよ。

【解　答】

重油1 kg当たりの理論空気量は，式 (2.2) より，

$$A_0 = (22.4/0.21)\{(0.87/12)+(0.13/4)\} = 11.2 \, \mathrm{m^3_N/kg_{-f}}$$

投入空気量は

$$A = \alpha A_0 = 1.2 \times 11.2 = 13.4 \, \mathrm{m^3_N/kg_{-f}}$$

したがって，毎時の投入空気量は，

$$13.4 \times 150 = 2\,010 \, \mathrm{m^3_N/h}$$

[例題 2.3]

> 下記の体積組成の燃料ガスの理論空気量を計算せよ。
> $CO : 30\%$，$CH_4 : 3\%$，$H_2 : 6\%$，$CO_2 : 1\%$，$N_2 : 60\%$

【解　答】

式 (2.3) より，

$$A_0 = (1/0.21)[(1/2)\times0.30+(1/2)\times0.06+\{1+(4/4)\}\times0.03]$$
$$= 1.143 \, \mathrm{m^3_N/m^3_{N-f}}$$

2章の演習問題

＊解答は，**p. 213 参照**

［演習問題 2.1］

　下記の体積組成の燃料ガスを，酸素の体積割合が30％の酸素富化空気で燃焼しようとする。完全燃焼にちょうど必要な酸素富化空気の量〔m^3_N/m^3_{N-f}〕を求めよ。

$$CO：30\％，\ H_2：10\％，\ N_2：60\％$$

3章
燃焼ガス量の計算

3.1 固体，液体燃料の燃焼ガス量

　燃料が燃焼して生成する高温のガスを燃焼ガスといい，これが被熱物に熱を伝えたあとに煙道，煙突などを流れる状態にあるときを，とくに燃焼排ガス，煙道ガスまたは単に排ガスなどとよぶ。燃焼ガスの成分は燃焼反応で生成するCO_2，H_2O，SO_2および供給した空気から完全燃焼に消費された酸素を除いたものなどであり，燃料中に窒素，水分が含まれていると，これらも窒素ガス，水蒸気となって燃焼ガスの一部となる。ただし，灰分はばいじんとして排出されるので，燃焼ガスには加わらない。燃焼ガス中には水蒸気が存在するが，水蒸気を除外した燃焼ガスを計算の対象とする場合があり，これを乾き燃焼ガスという。燃焼管理においては，燃焼ガスを採取して，成分分析をすることがよくなされる。その際には，燃焼ガス中の水蒸気は凝縮されてしまうため，乾き燃焼ガスの組成が分析されることになる。水蒸気を含んだ実際の燃焼ガスを，乾き燃焼ガスと明確に区別するために，湿り燃焼ガスとよぶこともある。

　燃焼ガスの構成を模式的に示すと**図 3.1**となり，以下のように説明される。投入した空気（$\alpha A_0 \, [\mathrm{m^3_N/kg_{-f}}]$）を，便宜的に理論空気（$A_0 \, [\mathrm{m^3_N/kg_{-f}}]$）と過剰空気 $\{(\alpha-1) A_0 \, [\mathrm{m^3_N/kg_{-f}}]\}$ に区別し，理論空気中の酸素だけが燃焼反応に関与すると考えることができる。すると，投入した空気のうち，過剰空気 $\{(\alpha-1) A_0 \, [\mathrm{m^3_N/kg_{-f}}]\}$ と理論空気中の窒素 $\{(1-0.21) A_0 \, [\mathrm{m^3_N/kg_{-f}}]\}$ はそのまま燃焼ガスに移行するが，その合計量は，

$$(\alpha-1)A_0+(1-0.21)A_0=(\alpha-0.21)A_0$$

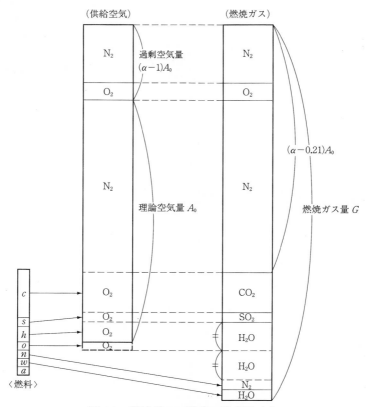

（供給空気）　　　　　　　（燃焼ガス）

過剰空気量
$(\alpha-1)A_0$

$(\alpha-0.21)A_0$

理論空気量 A_0

燃焼ガス量 G

〈燃料〉

図 3.1 燃焼ガスの構成の模式図（1）

となり，これは全空気量（αA_0〔$\mathrm{m^3_N/kg_{-f}}$〕）から理論酸素量（$0.21A_0$〔$\mathrm{m^3_N/kg_{-f}}$〕）を差し引いたものと考えてもよい。理論空気中の酸素（理論酸素）は燃料中の可燃元素との反応で消費され，完全燃焼生成物として CO_2, SO_2, H_2O が生成する。いま，図3.1に示すように，便宜的に理論酸素を炭素，硫黄，水素それぞれについての燃焼用というように分割してみる。表1.2の反応方程式を参照すると，炭素，硫黄の燃焼では，消費した O_2 と生成する CO_2, SO_2 は同体積〔$\mathrm{m^3_N}$〕であり，水素の燃焼では，消費した O_2 の2倍の体積〔$\mathrm{m^3_N}$〕の H_2O が生成していることがわかる。もし，燃料中に酸素が含まれている場合は，一度酸素ガスになり，それが水素燃焼用の酸素として空気中の理論酸素に付加されていると考えてもよかろう（2章で述べた有効水素の考え方もできるが，い

ずれにしても燃焼ガス量の計算結果は同じになることはあとで示される）。燃料中に窒素，水分が含まれていれば，窒素ガス，水蒸気として燃焼ガスの一部となる。

図 3.1 に示された燃焼ガスの構成より，

(燃焼ガス量) ＝ (全空気量) － (理論酸素量) ＋ (燃料起源の生成物量)

と考えることができる。(全空気量) － (理論酸素量) は，前述のとおり，

$(\alpha-0.232) A_0 \, [\mathrm{kg/kg_{-f}}], \quad (\alpha-0.21) A_0 \, [\mathrm{m^3_N/kg_{-f}}]$

となる。(燃料起源の生成物量) は，表 1.2 の燃焼反応方程式から計算される。CO_2 の生成量は，

$(c/12) \times 44 \, [\mathrm{kg/kg_{-f}}], \quad (c/12) \times 22.4 \, [\mathrm{m^3_N/kg_{-f}}]$

H_2O は[注1]，

$(h/2) \times 18 \, [\mathrm{kg/kg\text{-}f}], \quad (h/2) \times 22.4 \, [\mathrm{m^3_N/kg_{-f}}]$

SO_2 は，

$(s/32) \times 64 \, [\mathrm{kg/kg_{-f}}], \quad (s/32) \times 22.4 \, [\mathrm{m^3_N/kg_{-f}}]$

である。燃料中の窒素から生成する窒素ガス量は，

$n \, [\mathrm{kg/kg_{-f}}], \quad (n/28) \times 22.4 \, [\mathrm{m^3_N/kg_{-f}}]$

燃料中の水分から生成する水蒸気量は，

$w \, [\mathrm{kg/kg_{-f}}], \quad (w/18) \times 22.4 \, [\mathrm{m^3_N/kg_{-f}}]$

となる。

したがって，燃焼ガス量 G は，以上のガス成分の総和として，

$$G=(\alpha-0.232)A_0+(44/12)c+(18/2)h+(64/32)s+n+w \, [\mathrm{kg/kg_{-f}}] \quad (3.1)$$

$$G=(\alpha-0.21)A_0+22.4\{(c/12)+(h/2)+(s/32)+(n/28)+(w/18)\}$$
$$[\mathrm{m^3_N/kg_{-f}}] \quad (3.2)$$

と表される。いかなる化学反応においても，反応物と生成物の質量は同一であるという質量保存則によれば，燃焼ガスの質量は簡単に表される。燃焼前は燃料の単位量（1 kg）と空気量（$\alpha A_0 \, [\mathrm{kg/kg_{-f}}]$）であり，この合計質量が燃焼後も保存されるが，灰分（$a \, [\mathrm{kg/kg_{-f}}]$）だけは燃焼ガスから除外されるので，燃焼ガスの質量は，

$$G = 1+\alpha A_0 - a \, [\mathrm{kg/kg_{-f}}] \quad (3.3)$$

となる。

　燃焼ガスの体積〔m^3_N/kg_{-f}〕は，燃焼前後の体積変化に着目することにより，上述とは別の考え方から計算することもできる。燃焼前の総体積は，単位量の燃料（1 kg）と空気（αA_0〔m^3_N/kg_{-f}〕）の体積の和であるが，燃料（1 kg）の体積は αA_0 に比較してきわめて小さいので無視することができる（固体，液体燃料 1 kg の体積は $1 \times 10^{-3} m^3_N$ 程度であるのに対して，例えば $c = 0.87$，$h = 0.13$ とすると A_0 は約 $11\ m^3_N$ である）。したがって，燃焼前の総体積は αA_0〔m^3_N/kg_{-f}〕である。もし，燃料中に酸素が含まれていれば，便宜的に酸素ガスとしての体積 $(o/32) \times 22.4$〔m^3_N/kg_{-f}〕を αA_0 に付加する[注2]。図 3.1 を参照すれば，燃焼前の総体積 $\alpha A_0 + (o/32) \times 22.4$〔$m^3_N/kg_{-f}$〕のうち $(\alpha - 0.21) A_0$〔m^3_N/kg_{-f}〕はそのまま燃焼ガスに移行するから体積変化はなく，消費する理論酸素と生成するガスの体積の差し引きを考えればよい。C および S の燃焼については，消費酸素と生成ガスの体積は同じであるから燃焼前後の体積変化はない。H については，O_2 が $(h/4) \times 22.4$〔m^3_N/kg_{-f}〕消費され，$(h/2) \times 22.4$〔m^3_N/kg_{-f}〕の H_2O が生成されるので，差し引き $(h/4) \times 22.4$〔m^3_N/kg_{-f}〕の体積増加となる。燃料中の窒素，水分からは，それぞれ $(n/28) \times 22.4$，$(w/18) \times 22.4$〔m^3_N/kg_{-f}〕の体積増加がある。燃料中の灰分はガスにならないので体積増加はない。したがって，燃焼前の総体積 $\alpha A_0 + (o/32) \times 22.4$〔$m^3_N/kg_{-f}$〕に上記の個々の体積増加を加えることにより，

注1）第2章で述べた有効水素の考え方によれば，$(h - o/8)$〔kg/kg_{-f}〕の水素が燃焼して $\{(h - o/8)/2\} \times 22.4$〔$m^3_N/kg_{-f}$〕の H_2O が生成するが，$(o/8)$〔kg/kg_{-f}〕の水素はすでに酸素と結合して，$(o/8) \times 9$〔m^3_N/kg_{-f}〕の H_2O となっており，これが $\{(o/8) \times 9\} \times (22.4/18)$〔$m^3_N/kg_{-f}$〕の水蒸気になる。したがって，

$$\left\{ \left(h - \frac{o}{8} \right)/2 \right\} \times 22.4 + \left(\frac{o}{8} \times 9 \right) \times \left(\frac{22.4}{18} \right) = \frac{h}{2} \times 22.4 \ [m^3_N/kg_{-f}]$$

となり，いずれにしても計算結果は同じになる。

注2）燃料中の酸素がすべて水素と化合していると考えても，結果は式（3.4）と同様になる。すなわち，燃焼前の体積は αA_0〔m^3_N/kg_{-f}〕であり，有効水素の燃焼による体積変化（増加）は $\{h - (o/8)\} \times (22.4/4)$〔$m^3_N/kg_{-f}$〕となるが，すでに化合物となっている $(o/8) \times 9$〔kg/kg_{-f}〕の H_2O から $\{(o/8) \times 9 \times (22.4/18)\}$〔$m^3_N/kg_{-f}$〕の水蒸気が体積増加になるから，結局，水素の燃焼に関連する体積増加は，

$$\left(h - \frac{o}{8} \right) \times \frac{22.4}{4} + \left(\frac{o}{8} \times 9 \right) \times \frac{22.4}{18} = 22.4 \times \left(\frac{h}{4} + \frac{o}{32} \right) \ [m^3_N/kg_{-f}]$$

となり，式（3.4）と同じ結果になる。

$$G = \alpha A_0 + 22.4\{(o/32) + (h/4) + (n/28) + (w/18)\} \ [\mathrm{m^3_N/kg_{-f}}] \qquad (3.4)$$

が得られる。いま，燃料成分がCとHだけの場合には（液体燃料はこのようにみなせる場合が多い），

$$G = \alpha A_0 + 5.6h \ [\mathrm{m^3_N/kg_{-f}}] \qquad (3.5)$$

と，きわめて簡単な式で計算できる。

式(3.1)～(3.5)をみると，A_0 は燃料組成だけから計算されるから，結局，G は燃料組成と空気比から決定されることになる。

$$(G) \Leftarrow \{(A_0), (\alpha)\}$$

$$(G) \Leftarrow \{(fuel), (\alpha)\}$$

3.2　気体燃料の燃焼ガス量

気体燃料の燃焼においても，固体，液体燃料の場合とまったく同様の考え方で燃焼ガス量が計算される。まず，

(燃焼ガス量)＝(全空気量)－(理論酸素量)＋(燃料起源の生成物量)

という考え方に基づいて式を導いてみる。

（全空気量）－（理論酸素量）は前節とまったく同様に，$(\alpha - 0.21) A_0 \ [\mathrm{m^3_N/m^3_{N-f}}]$ である。（燃料起源の生成物量）は，表1.3を参照して，次のように計算される。$co \ [\mathrm{m^3_N/m^3_{N-f}}]$ の CO から $co \ [\mathrm{m^3_N/m^3_{N-f}}]$ の CO_2 が，$h_2 \ [\mathrm{m^3_N/m^3_{N-f}}]$ の H_2 から $h_2 \ [\mathrm{m^3_N/m^3_{N-f}}]$ の H_2O が生成される。$c_m h_n \ [\mathrm{m^3_N/m^3_{N-f}}]$ の炭化水素ガスからは，$m c_m h_n \ [\mathrm{m^3_N/m^3_{N-f}}]$ の CO_2 と $(n/2) c_m h_n \ [\mathrm{m^3_N/m^3_{N-f}}]$ の H_2O が生成される。燃料中に N_2, CO_2, H_2O などの不活性なガスが含まれていれば，それらはそのまま燃焼ガスに移行する。したがって，燃焼ガス量は，

$$G = (\alpha - 0.21) A_0 + co + h_2 + \Sigma \left(m + \frac{n}{2} \right) c_m h_n + n_2 + co_2 + h_2 o$$

$$[\mathrm{m^3_N/m^3_{N-f}}] \qquad (3.6)$$

次に，燃焼前後の体積変化に着目して燃焼ガス量を計算してみる。燃焼前の総体積は，燃料の単位量（$1 \ \mathrm{m^3_N}$）と空気量の和であり，$1 + \alpha A_0 \ [\mathrm{m^3_N/m^3_{N-f}}]$ である（固体，液体燃料の場合と違って燃料の体積は無視できない）。表1.3

より，CO の燃焼では，燃焼前の CO と O_2 の合計体積は $\{1+(1/2)\}\, co$ 〔$m^3{}_N/m^3{}_{N-f}$〕であるのに対して，燃焼後の CO_2 の体積は co〔$m^3{}_N/m^3{}_{N-f}$〕であるから，差し引き $(1/2)\, co$〔$m^3{}_N/m^3{}_{N-f}$〕の体積減少である。H_2 の燃焼では，同様にして，$(1/2)\, h_2$〔$m^3{}_N/m^3{}_{N-f}$〕の体積減少となる。炭化水素ガスについては，燃焼前の合計体積は $\{1+\{m+(n/4)\}\}\, c_m h_n$〔$m^3{}_N/m^3{}_{N-f}$〕，燃焼後は，$\{m+(n/2)\}\, c_m h_n$〔$m^3{}_N/m^3{}_{N-f}$〕であるから，差し引き $\{(n/4)-1\}\, c_m h_n$〔$m^3{}_N/m^3{}_{N-f}$〕の体積増加になる。そのほかの不活性ガスについては，燃焼前後の体積変化はない。燃焼前の総体積に，以上の個々の体積変化を加えると，

$$G = 1 + a A_0 - (1/2)\, co - (1/2)\, h_2 + \Sigma\left(\frac{n}{4}-1\right)c_m h_n \quad \text{〔}m^3{}_N/m^3{}_{N-f}\text{〕} \tag{3.7}$$

3.3 乾き燃焼ガス量，理論燃焼ガス量

乾き燃焼ガス量は，湿り燃焼ガス量から水蒸気を除いたものであり，慣用的に G' という記号が使用される。

(乾き燃焼ガス量) ＝ (燃焼ガス量) － (水蒸気量)

固体，液体燃料の燃焼における水蒸気の生成量は，

$(18/2)\, h + w$〔kg/kg_{-f}〕，$22.4\{(h/2)+(w/18)\}$〔$m^3{}_N/kg_{-f}$〕

であるから，燃焼ガス量 G の計算式 (式(3.3)，(3.2)，(3.4)) から生成水蒸気量を差し引くことにより，G' の計算式が導かれる。

$$G' = 1 + a A_0 - a - (9h + w) \quad \text{〔}kg/kg_{-f}\text{〕} \tag{3.8}$$

$$G' = (a - 0.21)A_0 + 22.4\{(c/12)+(s/32)+(n/28)\} \quad \text{〔}m^3{}_N/kg_{-f}\text{〕} \tag{3.9}$$

$$G' = a A_0 + 22.4\{(o/32)-(h/4)+(n/28)\} \quad \text{〔}m^3{}_N/kg_{-f}\text{〕} \tag{3.10}$$

燃料成分が C, H だけの場合には，式(3.10)は，簡単に，

$$G' = a A_0 - 5.6h \quad \text{〔}m^3{}_N/kg_{-f}\text{〕} \tag{3.11}$$

と表せる。

気体燃料の場合には，生成される水蒸気量は，

$h_2 + \Sigma\,(n/2)\, c_m h_n + h_2 o$〔$m^3{}_N/m^3{}_{N-f}$〕

であるから，式(3.6)，(3.7)からこの水蒸気量を差し引いて，

$$G' = (a - 0.21)A_0 + co + \Sigma m c_m h_n + n_2 + co_2 \quad \text{〔}m^3{}_N/m^3{}_{N-f}\text{〕} \tag{3.12}$$

$$G' = 1 + \alpha A_0 - (1/2) co - (3/2) h_2 - \Sigma \{(n/4)+1\} c_m h_n - h_2 O$$

$$[\mathrm{m^3_N/m^3_{N-f}}] \quad (3.13)$$

燃料が理論空気量で完全燃焼したときの燃焼ガス量，乾き燃焼ガス量を，それぞれ理論燃焼ガス量 (G_0)，理論乾き燃焼ガス量 (G_0') とよび，いままでに提示した G, G' の各式において $\alpha = 1$ とすることによって計算される。G, G' は燃料成分組成と空気比から計算されるから，G_0, G_0' は燃料成分組成だけから決定されることになる。

$$(G_0) \Leftarrow (\textit{fuel})$$

$$(G_0') \Leftarrow (\textit{fuel})$$

図 3.1 をみれば，

（燃焼ガス量）＝（理論燃焼ガス量）＋（過剰空気量）

と考えることができ，

$$G = G_0 + (\alpha - 1) A_0 \tag{3.14}$$

$$G' = G_0' + (\alpha - 1) A_0 \tag{3.15}$$

という関係が成り立つ。すなわち，燃焼ガス量は，その燃料に固有の量である理論燃焼ガス量に過剰空気量（空気比によって変化する）が上積みされたものであると考えることもできる。

以上に導いた G や G' の計算式は，すべて理論空気量以上の空気 ($\alpha > 1$) を供給して完全燃焼した場合を前提にしている。しかし，$\alpha > 1$ であっても，燃料と空気の混合が不良であると，燃焼ガス中に CO などの未燃ガスが存在することもある（4章の図 4.1 参照）。したがって，一部に不完全燃焼が起こっている場合には，前述の G や G' の計算式は適用できなくなるので注意する必要がある（演習問題 3.2 参照）。

[例題 3.1]

炭素 86 ％，水素 14 ％（質量割合）の灯油を空気比 1.2 で完全燃焼している。この灯油 1 kg 当たりの燃焼ガス量 $[\mathrm{m^3_N/kg_{-f}}]$ を計算せよ。

＜考え方＞

$(G) \Leftarrow \{(fuel),\ (\alpha)\}$ であり，未知数である燃料成分組成と空気比が与えられているから，燃焼ガス量の計算式を使えば，ただちに解答が得られる。

【解　答】

式 (3.2) より，

$$G = (\alpha - 0.21)\,A_0 + 22.4\,\{(c/12) + (h/2)\}\ [\mathrm{m^3_N/kg_{-f}}]$$

が導かれる。ここに，理論空気量は式 (2.2) より，

$$A_0 = (22.4/0.21)\{(c/12) + (h/4)\}$$
$$= (22.4/0.21)\{(0.86/12) + (0.14/4)\} = 11.4\ \mathrm{m^3_N/kg_{-f}}$$

したがって，燃焼ガス量は，

$$G = (1.2 - 0.21) \times 11.4 + 22.4 \times \{(0.86/12) + (0.14/2)\} = 14.5\ \mathrm{m^3_N/kg_{-f}}$$

【別　解】

理論空気量の計算は上記解答と同じ。燃焼反応前後の体積変化に着目することにより得られた式 (3.5) より，

$$G = \alpha A_0 + 5.6h\ [\mathrm{m^3_N/kg_{-f}}]$$
$$= 1.2 \times 11.4 + 5.6 \times 0.14 = 14.5\ \mathrm{m^3_N/kg_{-f}}$$

［例題 3.2］

> 　下記の組成の燃料ガスを完全燃焼したところ，$34.6\ \mathrm{m^3_N/m^3_{N-f}}$ の燃焼ガスを得た。この場合の空気比を計算せよ。
>
> 　燃料ガス組成（体積割合）
> $\mathrm{C_3H_8}$：$40.0\ \%$，$\mathrm{C_4H_{10}}$：$60.0\ \%$

＜考え方＞

空気比を未知数として

$$(G) \Leftarrow \{(fuel),\ (\alpha)\}$$

の関係式を導けば，方程式の解として空気比を求めることができる。

【解　答】

式 (3.6) より，

$$G = (\alpha - 0.21)\,A_0 + \Sigma\left(m + \frac{n}{2}\right)c_mh_n\ [\mathrm{m^3_N/m^3_{N-f}}]$$

であり，理論空気量は式 (2.3) より，

$$A_0 = (1/0.21)\left\{ \Sigma\left(m+\frac{n}{4}\right)c_m h_n \right\}$$

$$= (1/0.21)\left\{ \left(3+\frac{8}{4}\right)\times0.4+\left(4+\frac{10}{4}\right)\times0.6 \right\} = 28.1 \text{ m}^3{}_N/\text{m}^3{}_{N-f}$$

したがって，

$$34.6 = (\alpha-0.21)\times28.1+\left\{ \left(3+\frac{8}{2}\right)\times0.4+\left(4+\frac{10}{2}\right)\times0.6 \right\}$$

これを解くことにより，空気比は，

$$\alpha = 1.15$$

［例題 3.3］

メタノール（CH_3OH）を空気比 1.3 で完全燃焼させた場合の燃焼ガス量〔$\text{m}^3{}_N/\text{kg}_{-f}$〕を計算せよ。

【解　答】

メタノールの燃焼反応方程式は次式となる（例題 1.1 参照）。

$$CH_3OH + (3/2)O_2 = CO_2 + 2 H_2O$$

メタノール 1 kmol 当たりについて考えると，理論酸素量は 1.5×22.4 m$^3{}_N$/kmol$_{-f}$，理論空気量は $(22.4/0.21)\times1.5$ m$^3{}_N$/kmol$_{-f}$ であり，CO_2 と H_2O の生成量は，それぞれ，22.4 および 2×22.4 m$^3{}_N$/kmol$_{-f}$ となる。したがって，

（燃焼ガス量）＝（全空気量）−（理論酸素量）＋（燃料起源の生成物量）

より，

$$G = 1.3\times(22.4/0.21)\times1.5-1.5\times22.4+22.4+2\times22.4 = 241.6 \text{ m}^3{}_N/\text{kmol}_{-f}$$

メタノールの分子量は $12+1\times4+16 = 32$ であるから，

$$G = 241.6/32 \text{ m}^3{}_N/\text{kg}_{-f} = 7.55 \text{ m}^3{}_N/\text{kg}_{-f}$$

【別　解】

メタノール中の各元素の質量割合は

$$c=12/32=0.375, \quad h=4/32=0.125, \quad o=16/32=0.5$$

であるから，式 (2.2)，(3.2) を用いて，

$$A_0 = (22.4/0.21)\left\{ \frac{c}{12}+\left(h-\frac{o}{8}\right)/4 \right\}$$

$$= (22.4/0.21)\left\{ (0.375/12)+\left(0.125-\frac{0.5}{8}\right)/4 \right\} = 5.00 \text{ m}^3{}_N/\text{kg}_{-f}$$

$$G = (a - 0.21) A_0 + 22.4 \{ (c/12) + (h/2) \}$$
$$= (1.3 - 0.21) \times 5.00 + 22.4 \{ (0.375/12) + (0.125/2) \} = 7.55 \ \mathrm{m^3_N/kg_{-f}}$$

3 章の演習問題

＊解答は，p. 213 参照

[演習問題 3.1]

　下記組成の重油 1 kg 当たり 15 m^3_N の空気を供給して完全燃焼したとき，燃焼ガス中の亜硫酸ガス（SO_2）の濃度は何 ppm になるか。ただし，燃料中の硫黄はすべて SO_2 になるものとする。

　　　　　重油の組成（質量割合）
　　　　　C：84.0 ％，H：12.5 ％，S：2.5 ％，N：1.0 ％

[演習問題 3.2]

　C：88 ％，H：12 ％（質量割合）の重油を空気比 0.9 で燃焼させたところ，乾き排ガス 1 m^3_N 当たり 2 g のすすが生じた。排出される未燃ガスは CO だけであるとすると，この重油 1 kg 当たりの湿り燃焼ガス量〔m^3_N/kg_{-f}〕はどれほどか。ただし，排ガス中に O_2 はないものとする。

4章
燃焼ガス成分組成，空気比の計算

4.1　燃焼ガス成分の分析

　燃焼ガスの主要成分はCO_2, H_2O, O_2, N_2などであるが，$\alpha>1$の過剰空気燃焼でも，燃料と空気の混合が良好でないとCOが燃焼ガス中に残ることもあり，また，燃料に硫黄が含まれていればSO_2も存在する。これらの燃焼ガス成分の割合は，運転空気比や燃焼室内の燃焼状態の良否を知るうえで重要な手掛かりとなる。

　燃焼ガスの分析には，ガスクロマトグラフ，磁気式あるいはジルコニア酸素計，赤外線ガス分析計などの分析機器が使用される。燃焼ガスの分析を行う際には，高温の燃焼ガスは常温付近あるいはそれ以下の温度に冷却される。したがって，燃焼ガス中の水蒸気は凝縮されるので，実際には乾き燃焼ガス中の各ガス成分の体積割合が測定され，それらを，(CO_2), (O_2), (CO), (N_2)〔m^3_N/m^3_N〕などと表示することにする。

4.2　完全燃焼の場合の燃焼ガス組成

　固体，液体燃料が完全燃焼すると，燃焼ガス中のCO_2の量は$(c/12)\times 22.4$〔m^3_N/kg_{-f}〕であり，SO_2の量は$(s/32)\times 22.4$〔m^3_N/kg_{-f}〕である。燃焼ガス中に存在するO_2は投入空気のうちの過剰空気に含まれる酸素と考えることができるから，その量は$0.21(\alpha-1)A_0$〔m^3_N/kg_{-f}〕である。N_2は投入した全空気中の窒素および燃料中窒素からの窒素ガスの合計であるから$0.79\alpha A_0+$

$(n/28)\times22.4$〔m^3_N/kg_{-f}〕となる。したがって，乾き燃焼ガス量をG'として，乾き燃焼ガス中の各燃焼ガス成分の体積割合は，

$$(CO_2) = \frac{(c/12)\times22.4}{G'} \tag{4.1}$$

$$(O_2) = \frac{0.21(\alpha-1)A_0}{G'} \tag{4.2}$$

$$(N_2) = \frac{\{0.79\alpha A_0 + (n/28)\times22.4\}}{G'} \tag{4.3}$$

$$(SO_2) = \frac{(s/32)\times22.4}{G'} \tag{4.4}$$

気体燃料が完全燃焼した場合，普通，乾き燃焼ガス成分はCO_2，O_2，N_2であり，これらの量は，それぞれ，$co+\Sigma m\ c_m h_n + co_2$，$0.21(\alpha-1)A_0$，$0.79\alpha A_0 + n_2$〔$m^3_N/m^3_{N-f}$〕である。したがって，乾き燃焼ガス中の体積割合は，

$$(CO_2) = \frac{co+\Sigma mc_m h_n + co_2}{G'} \tag{4.5}$$

$$(O_2) = \frac{0.21(\alpha-1)A_0}{G'} \tag{4.6}$$

$$(N_2) = \frac{0.79\alpha A_0 + n_2}{G'} \tag{4.7}$$

式(4.1)～(4.7)をみると，乾き燃焼ガス成分の体積割合は燃料成分組成とG'から計算され，G'は第3章で述べたように，

$$(G') \Leftarrow \{(fuel), (\alpha)\}$$

であるから，いずれの乾き燃焼ガス成分の体積割合（(gas)と表記する）も，燃料成分組成と空気比αから計算することができ，

$$(gas) \Leftarrow \{(fuel), (\alpha)\}$$

ということになる。また，空気比αが未知であるが，燃料成分組成および乾き燃焼ガス成分のうちのいずれか1つの体積割合がわかっている場合には，式(4.1)～(4.7)のいずれの式も未知数αについての1次方程式となるから（$(G')\Leftarrow\{(fuel),(\alpha)\}$），いずれかの式の解として$\alpha$が計算できることになる。したがって，

$$(\alpha) \Leftarrow \{(fuel), (gas)\}$$

また，式(4.1)，(4.5)によれば，燃料成分組成（燃料中炭素の質量割合）と(CO_2)が与えられれば，αの計算を経由せずにただちにG'が計算できる。

$$(G') \Leftarrow \{(fuel), (CO_2)\}$$

4.3　炭素が一部不完全燃焼の場合の燃焼ガス組成

4.3.1　不完全燃焼生成物として CO が生成する場合

　燃料中の炭素の一部が不完全燃焼し，燃焼ガス中の不完全燃焼生成物として
CO だけが存在するような場合を考えてみる。いま，燃料中の炭素のうちの η_b
が完全燃焼しているとする。すなわち，燃料中の c〔kg/kg$_{-f}$〕の炭素のうち c
η_b〔kg/kg$_{-f}$〕が完全燃焼し，残りの $c(1-\eta_b)$〔kg/kg$_{-f}$〕が CO になったとす
る。表 1.2 の燃焼反応表によれば，CO_2, CO の生成量はそれぞれ，$(c\eta_b/$
$12)\times22.4$, $\{c(1-\eta_b)/12\}\times22.4$〔m$^3_N$/kg$_{-f}$〕であり，その和は $(c/12)\times$
22.4〔m^3_N/kg$_{-f}$〕となる。すなわち，単位質量の燃料から生成する CO_2 と CO
の合計量は，それらがどのような割合であっても，$(c/12)\times22.4$〔m^3_N/kg$_{-f}$〕
である。気体燃料の燃焼の場合でも，やはり，CO_2 と CO の合計量は $co+\Sigma m$
$c_m h_n+co_2$〔m^3_N/m$^3_{N-f}$〕である。したがって，

$$(CO_2)+(CO) = \frac{(c/12)\times22.4}{G'} \tag{4.8}$$

$$(CO_2)+(CO) = \frac{co+\Sigma m c_m h_n+co_2}{G'} \tag{4.9}$$

と表され，

$$(G') \Leftarrow \{(fuel), (CO_2), (CO)\}$$

というように G' が計算できることになる。ここに，式(4.8), (4.9)中の G' に
は，3 章において完全燃焼を前提として導いた計算式は適用できないので注意
する必要がある。

4.3.2　石炭燃焼においてばいじん中に未燃炭素が存在する場合

　石炭燃焼においては，ばいじん（成分のほとんどは灰分）中に未燃炭素が残
留することが多い。いま，ばいじんは灰分と未燃炭素だけから成るとし，ばい
じん中の未燃炭素の質量割合を u〔kg/kg$_{-ばいじん}$〕とする。また，石炭中の灰
分の質量割合を a〔kg/kg$_{-f}$〕，ばいじんの生成量を f〔kg/kg$_{-f}$〕とする。

　燃料中の灰分がすべてばいじんに残留したとすると，

$$f = a/(1-u)$$

であるから，ばいじん中の炭素量は

$$uf = \{u/(1-u)\}\,a\ \mathrm{[kg/kg_{-f}]}$$

となり，燃料成分の分析値（a）とばいじん成分の分析値（u）から，石炭の単位質量当たりの未燃炭素量が計算できることになる。いま，燃料中の炭素量 c〔$\mathrm{kg/kg_{-f}}$〕のうち未燃焼の炭素はすべてばいじん中に残留しているとすれば，完全燃焼して CO_2 になった炭素量 c' は

$$c' = c - \{u/(1-u)\}\,a\ \mathrm{[kg/kg_{-f}]} \tag{4.10}$$

となり，乾き燃焼ガス中の CO_2 の体積割合は，

$$(CO_2) = \frac{(c'/12)\times 22.4}{G'} = \frac{(22.4/12)\,[c-\{u/(1-u)\}\,a]}{G'} \tag{4.11}$$

と表される。

4.4 空気比の計算

　空気比 α は実際に投入する空気量 A と理論空気量 A_0 の比であり，燃焼性能を支配する重要な値であることは前に述べたとおりである。実際の燃焼装置においては，大量に投入する空気の流量を正確に測定することは難しく，以下に導く計算式を用いて，燃料の成分組成と燃焼ガスの成分組成から（あるいは燃焼ガスの成分組成だけから）空気比を計算し，燃焼状態を判断するとともに，適切な空気投入量の制御を行っている。

　以下に，よく使用される2つの空気比計算式を提示する。いままでに導いた A_0，G，G' などの各計算式は，暗記をしなくても，燃焼反応方程式をもとに容易に導くことができたが，空気比の計算式については，最終的な形を覚えてしまうほうが得策であると思われる。したがって，以下では，まず計算式を提示し，ついで，それが導出される過程を述べ，計算式を理解するとともに，前提としているいくつかの仮定を確認することにする。

4.4.1 窒素バランスによる空気比計算式

【 $\alpha \geqq 1$ で完全燃焼，燃料起源の窒素ガスが無視できる場合 】

$$\alpha = \frac{(N_2)}{(N_2) - (0.79/0.21)(O_2)} \tag{4.12}$$

【 上式において，さらに，$(N_2)=0.79$ と近似した，概略計算式 】

$$\alpha = \frac{0.21}{0.21 - (O_2)} \tag{4.13}$$

【 未燃焼物が存在する場合（$\alpha<1$ の場合も成立）】

$$\alpha = \frac{(N_2)}{(N_2) - (0.79/0.21)\{(O_2) - (O_2)_r\}} \tag{4.14}$$

$$(O_2)_r = 0.5(CO) + 0.5(H_2) + \Sigma\{m+(n/4)\}(C_mH_n) + (c''/12) \times 22.4$$

ここに，(C_mH_n) は乾き燃焼ガス中の未燃炭化水素ガスの濃度〔m^3_N/m^3_{N-f}〕，c'' は乾き燃焼ガス $1m^3_N$ 中のすす，ばいじんなどに含まれる未燃炭素量〔kg/m^3_N〕である。

式(4.12)～(4.14)は，（投入全空気中の N_2 の体積）と（理論空気中の N_2 の体積）との比は空気比 α に等しいという，N_2 についての物質バランスから導かれる計算式である。固体，液体燃料の燃焼の場合，乾き燃焼ガス中の N_2（空気中に含まれていたもの）の体積は $(N_2)G' - (n/28) \times 22.4$〔$m^3_N/kg_{-f}$〕と表される。一方，過剰空気中の N_2 の体積は $(0.79/0.21) \times$（過剰酸素量）であり，$\alpha \geq 1$ で完全燃焼している場合には $(0.79/0.21)(O_2)G'$〔m^3_N/kg_{-f}〕となる。したがって，

$$\alpha = （全投入空気中の N_2 の体積）/\{（全投入空気中の N_2 の体積）$$
$$- （過剰空気中の N_2 の体積）\}$$

$$= \frac{(N_2)G' - (n/28) \times 22.4}{(N_2)G' - (n/28) \times 22.4 - (0.79/0.21)(O_2)G'}$$

ここで，$(N_2)G'$ と $(n/28) \times 22.4$ を比較すると，通常の燃料では，(N_2) の概略値は 0.8，G' は 10〔m^3_N/kg_{-f}〕程度の値であり，n はたかだか 0.02 程度である。したがって，通常では，投入空気中の N_2 量に対する燃料起源の N_2 量は無視でき，その場合には，空気比の計算式は式(4.12)となる。気体燃料の燃焼の場合には，（全投入空気中の N_2 の体積）は $\{(N_2)G' - n_2\}$〔m^3_N/m^3_{N-f}〕，（過剰空気中の N_2 の体積）は $(0.79/0.21)(O_2)G'$〔m^3_N/m^3_{N-f}〕であり，$(N_2)G' \gg n_2$ の場合には，やはり，式(4.12)となる。

また，図 3.1 の模式図からわかるように，水素以外の可燃元素の燃焼では消費酸素と生成物の量が等しいから，燃料中の水素の質量割合 h が小さくなる

と，乾き燃焼ガス中の N_2 の体積割合は空気中の N_2 の割合に近づくことになる。そこで，近似的に $(N_2)=0.79$ とすると，概略計算式として式(4.13)が得られる。式(4.13)によると α は (O_2) だけから計算され，燃焼管理の現場において，空気比の概略値を知る際によく用いられる。

燃焼ガス中に CO や H_2 などの未燃焼物が存在する場合には，$(O_2)G'$ は本来の意味での過剰酸素量ではなく，$(O_2)G'$ から，未燃物がさらに完全燃焼するのに必要な酸素量を差し引いた残りが，正味の過剰酸素量になる（**図 4.1** を参照）。式(4.14)中の $(O_2)_r$ は，乾き燃焼ガス $1\,m^3_N$ 中の未燃物が完全燃焼するのに必要な酸素量〔m^3_N〕を表している。

$\alpha<1$ の場合には，燃焼ガス中に正味の過剰酸素は存在せず，逆に酸素が不足することになる。すなわち，$(O_2)-(O_2)_r$ の値は負になるが，これは完全燃焼するために，さらに必要な酸素量を意味している。つまり，式(4.14)の分母は，

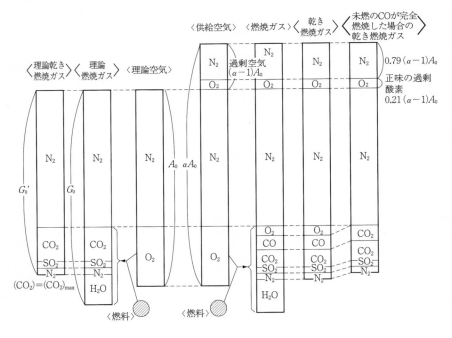

図 4.1 燃焼ガスの構成の模式図（2）

（全投入空気中の N_2 の体積）＋（不足空気中の N_2 の体積）

　　　＝（理論空気中の N_2 の体積）

を表すことになり，$\alpha < 1$ の場合にもそのまま使用できるわけである。

4.4.2 　$(CO_2)_{max}$ による空気比計算式

【 $\alpha \geqq 1$ で未燃焼物は CO だけの場合 】

$$\alpha = \frac{1-(CO_2)-1.5(CO)}{\dfrac{1-(CO_2)_{max}}{0.79} \times \dfrac{(CO_2)+(CO)}{(CO_2)_{max}}} + 0.21 \tag{4.15}$$

【 $\alpha \geqq 1$ で完全燃焼の場合の概略計算式 】

$$\alpha = \frac{(CO_2)_{max}}{(CO_2)} \tag{4.16}$$

　燃焼ガス中の (CO_2) が最大となるのは，燃料中の炭素がすべて CO_2 となり，乾き燃焼ガス量 G' が最小になるとき，すなわち，理論空気量 A_0 で完全燃焼が行われたときであり，その場合の乾き燃焼ガス中の CO_2 濃度を最大炭酸ガス濃度といい，$(CO_2)_{max}$ と表す。

$$(CO_2)_{max} = \frac{(c/12) \times 22.4}{G_0'} \quad [m^3{}_N/m^3{}_N] \tag{4.17}$$

$$(CO_2)_{max} = \frac{co + \Sigma m c_m h_n + co_2}{G_0'} \quad [m^3{}_N/m^3{}_N] \tag{4.18}$$

　3 章で述べたように，G_0' は燃料成分組成だけから決定されるから，上式より，$(CO_2)_{max}$ は燃料成分組成だけから計算され，燃料に固有の値である。例えば，G_0' を式(2.2)および式(3.9)で表し，式(4.17)に代入すれば次式となる。

$$
\begin{aligned}
(CO_2)_{max} &= \frac{\dfrac{c}{12} \times 22.4}{(1-0.21)A_0 + 22.4\left(\dfrac{c}{12} + \dfrac{s}{32} + \dfrac{n}{28}\right)} \\
&= \frac{\dfrac{c}{12} \times 22.4}{(1-0.21)\dfrac{22.4}{0.21}\left\{\dfrac{c}{12} + \left(h-\dfrac{o}{8}\right)/4 + \dfrac{s}{32}\right\} + 22.4\left(\dfrac{c}{12} + \dfrac{s}{32} + \dfrac{n}{28}\right)} \\
&= \frac{1.867c}{8.89c + 21.1\{h-(o/8)\} + 3.33s + 0.8n} \quad [m^3{}_N/m^3{}_N]
\end{aligned}
\tag{4.19}
$$

　また，$(CO_2)_{max}$ は燃焼ガス分析の結果から求めることもできる。完全燃焼の場合には，実際の乾き燃焼ガス $1\,m^3{}_N$ 中の理論乾き燃焼ガスの体積は，$1-$

$(O_2)/0.21$〔m^3_N〕となるから,

$$(CO_2)_{max} = \frac{(CO_2)}{1-\dfrac{(O_2)}{0.21}} \quad 〔m^3_N/m^3_N〕 \tag{4.20}$$

もし,不完全燃焼生成物として CO だけが存在する場合には,実際の乾き燃焼ガス 1 m^3_N 中の理論乾き燃焼ガスの体積は,

$$1-0.5(CO)-\{(O_2)-0.5(CO)\}/0.21 \quad 〔m^3_N〕$$

となる(図 4.1 参照)。したがって,この場合には,

$$(CO_2)_{max} = \frac{(CO_2)+(CO)}{1-0.5(CO)-\dfrac{(O_2)-0.5(CO)}{0.21}} \quad 〔m^3_N/m^3_N〕 \tag{4.21}$$

以上のようにして $(CO_2)_{max}$ の値が既知になれば,乾き燃焼ガス中の (CO_2) および (CO) を用いて,以下のように空気比を計算することができる。すなわち,乾き燃焼ガス成分が CO_2, CO, SO_2, O_2, N_2 であり,

$$(CO_2)+(CO)+(SO_2)+(O_2)+(N_2) = 1$$

とすると,燃料単位量当たりの乾き燃焼ガスのうち,正味の過剰 O_2 と投入全空気中の N_2 の合計量は,

$$\{1-(CO_2)-1.5(CO)-(SO_2)\}G'-(n/28)\times 22.4 \quad 〔m^3_N/kg_{-f}〕$$

であり,これは,$(a-0.21)A_0$〔m^3_N/kg_{-f}〕とも表されるので,

$$(a-0.21)A_0 = \{1-(CO_2)-1.5(CO)-(SO_2)\}G'-(n/28)\times 22.4$$

というバランス式が得られる。ここで,理論乾き燃焼ガスについて考えると,

$$(CO_2)_{max}+(SO_2)+(N_2) = 1$$

だから,A_0 は,

$$A_0 = \frac{\{1-(CO_2)_{max}\}G_0'-22.4\{(s/32)+(n/28)\}}{0.79} \quad 〔m^3_N/kg_{-f}〕$$

また,G_0', G' は,

$$G_0' = \frac{(c/12)\times 22.4}{(CO_2)_{max}} \qquad G' = \frac{(c/12)\times 22.4}{(CO_2)+(CO)} \quad 〔m^3_N/kg_{-f}〕$$

と表されるので,これら A_0, G_0', G' を上記バランス式に代入し,s, n は小さい値であるとして無視すると,式 (4.15) が得られる。

もし,燃料中の h, o, s, n が c に比べて小さければ,式 (4.19) より,近似的に $(CO_2)_{max}=0.21$ となり,完全燃焼して $(CO)=0$ ならば,式 (4.15) は,

$$\alpha = \frac{(CO_2)_{max}}{(CO_2)}\left[\{1-(CO_2)\}\frac{0.79}{1-(CO_2)_{max}}+(CO_2)\frac{0.21}{(CO_2)_{max}}\right]$$

と変形され，右辺の [ ] 内の $(CO_2)_{max}=0.21$ と近似すると，きわめて簡単化
された概略計算式として式(4.16)が得られる。

　$\alpha<1$ の場合や，燃焼ガス中に (CO) 以外の未燃物が存在する場合は，式
(4.15)よりもかなり面倒な式となるので，$(CO_2)_{max}$を用いる計算は避けるべ
きである。

［例題 4.1］

> 　下記組成の気体燃料が完全燃焼して $31.2\ m^3{}_N/m^3{}_{N-f}$ の乾き燃焼ガスを
> 得た。この場合の空気比を計算せよ。
> 　気体燃料の組成（体積割合）
> 　C_3H_8：40.0 %，C_4H_{10}：60.0 %

＜考え方＞

㈠　3 章で述べたように，$(G') \Leftarrow \{(fuel),\ (\alpha)\}$ であるから，G'を表す計算式を記
　述し，与えられた燃料成分組成と G'の値を代入すれば，未知数 α を含む方程式と
　なり，その解としてαが求められる。

㈡　あるいは，$(A_0) \Leftarrow (fuel)$，$(G_0') \Leftarrow (fuel)$ であるから，A_0，G_0' はただちに計
　算できる。（乾き燃焼ガス量）＝（理論乾き燃焼ガス量）＋（過剰空気量）すなわち，
　$G'=G_0'+(\alpha-1)A_0$ であり，G'，G_0'，A_0 が既知であるから，αが求められる。

【解　答】

　（乾き燃焼ガス量）＝（投入全空気量）－（理論酸素量）＋（H_2O 以外の燃料起源の
生成物量）
という考え方から（式(3.12)），

$$G' = (\alpha-0.21)A_0+\Sigma\ mc_mh_n$$
$$= (\alpha-0.21)A_0+3\times0.40+4\times0.60$$

ここで，A_0 は式(2.3)より，

$$A_0 = (1/0.21)\left\{\Sigma\left(m+\frac{n}{4}\right)c_mh_n\right\}$$
$$= (1/0.21)\left\{\left(3+\frac{8}{4}\right)\times0.40+\left(4+\frac{10}{4}\right)\times0.60\right\}=28.1\ m^3{}_N/m^3{}_{N-f}$$

したがって,

$$31.2 = (\alpha - 0.21) \times 28.1 + 3 \times 0.40 + 4 \times 0.60$$

これを解けば,

$$\alpha = 1.19$$

【別　解】

A_0 の計算は上と同じ。理論乾き燃焼ガス量は,

$$G_0' = (1 - 0.21)A_0 + \Sigma\, mc_m h_n$$
$$= 0.79 \times 28.1 + 3 \times 0.40 + 4 \times 0.60 = 25.8 \text{ m}^3{}_N/\text{m}^3{}_{N-f}$$

ここで,

$$G' = G_0' + (\alpha - 1)A_0$$

であるから,

$$31.2 = 25.8 + (\alpha - 1) \times 28.1$$

これを解けば,

$$\alpha = 1.19$$

［例題 4.2］

　炭素87％,水素13％の重油を完全燃焼している炉において,燃焼排ガスを分析したところ,乾き燃焼ガス中の CO_2 の体積割合が12％であった。この場合に,乾き燃焼ガス中の O_2 の体積割合を計算せよ。

＜考え方＞

(イ) $(O_2) = \{0.21(\alpha - 1)A_0\}/G'$ であるから,乾き燃焼ガス中の O_2 の体積割合は,α, A_0, G' がわかれば計算できる。

(ロ) $(A_0) \Leftarrow (fuel)$ および $(G') \Leftarrow \{(fuel),(CO_2)\}$ だから,A_0 と G' はただちに計算できる。

(ハ) α は,$(\alpha) \Leftarrow \{(fuel),(gas)\}$ だから,計算できるはずである。具体的には,G' は燃料成分組成と空気比によって記述され,G' の値は(ロ)において計算されているから,α は方程式の解として求めることができる。

【解　答】

　この重油の理論空気量は式 (2.2) より,

$$A_0 = (22.4/0.21)\{(c/12) + (h/4)\}$$

$$= (22.4/0.21)\{(0.87/12)+(0.13/4)\} = 11.2 \ \mathrm{m^3_N/kg_{-f}}$$

燃焼前後の炭素バランスより G' が計算され（式 (4.1)），

$$G' = \{(c/12)\times 22.4\}/(CO_2)$$

$$= \{(0.87/12)\times 22.4\}/0.12 = 13.5 \ \mathrm{m^3_N/kg_{-f}}$$

また，G' は次式（式 (3.9)）でも表され，

$$G' = (\alpha-0.21)A_0 + (c/12)\times 22.4$$

これに上で求めた A_0, G' の値を代入すれば，

$$13.5 = (\alpha-0.21)\times 11.2 + (0.87/12)\times 22.4$$

これを解いて，

$$\alpha = 1.27$$

したがって，乾き燃焼ガス中の O_2 の体積割合は，

$$(O_2) = 0.21(\alpha-1)A_0/G'$$

$$= 0.21(1.27-1)\times 11.2/13.5$$

$$= 0.047$$

［例題 4.3］

下記組成の気体燃料を完全燃焼させたら，乾き排ガス中の窒素は 75 % であった。投入した空気量および生成した燃焼ガス量は何 $\mathrm{m^3_N/m^3_{N-f}}$ か。

H_2：25 %，CO：30 %，O_2：5 %，CO_2：10 %，N_2：30 %

＜考え方＞

(イ)　空気比 α がわかれば，$(A_0)\leftarrow(fuel)$ だから，$A=\alpha A_0$ および $(G)\Leftarrow\{(fuel),(\alpha)\}$ より，投入空気量と燃焼ガス量が計算できる。

(ロ)　$(\alpha)\Leftarrow\{(fuel),(gas)\}$ であり，(gas) として，$(N_2)=0.75$ が与えられているから，α が計算される。

【解　答】

窒素について，燃焼前後の物質バランスより，

$$(N_2) = (0.79\alpha A_0 + n_2)/G'$$

ここで，この気体燃料の理論空気量は，式 (2.3) より，

$$A_0 = (1/0.21)\{(1/2)co+(1/2)h_2-o_2\}$$

$$= (1/0.21)\{(1/2)\times 0.30+(1/2)\times 0.25-0.05\} = 1.071 \ \mathrm{m^3_N/m^3_{N-f}}$$

完全燃焼しているから，乾き燃焼ガス量は式(3.12)より，

$$G' = (\alpha - 0.21)A_0 + co + co_2 + n_2$$
$$= (\alpha - 0.21) \times 1.071 + 0.30 + 0.10 + 0.30$$
$$= (\alpha - 0.21) \times 1.071 + 0.70 \quad [\text{m}^3_\text{N}/\text{m}^3_\text{N-f}]$$

これら A_0，G' を窒素のバランス式に代入すると，

$$0.75 = (0.79\alpha \times 1.071 + 0.30)/\{(\alpha - 0.21) \times 1.071 + 0.70\}$$

これを解くと，

$$\alpha = 1.32$$

したがって，投入空気量 A_0，燃焼ガス量 G は，

$$A = \alpha A_0$$
$$= 1.32 \times 1.071 = 1.41 \quad \text{m}^3_\text{N}/\text{m}^3_\text{N-f}$$
$$G = G' + h_2$$
$$= (1.32 - 0.21) \times 1.071 + 0.7 + 0.25 = 2.14 \quad \text{m}^3_\text{N}/\text{m}^3_\text{N-f}$$

[例題 4.4]

炭素 86%，水素 14% の燃料油を燃料とし，燃焼排ガスの一部を燃焼用空気（乾き空気）に混合して排ガス再循環燃焼しているボイラがある[注]。燃料は完全燃焼し，燃焼排ガス中の酸素濃度，排ガスを混合した空気中の酸素濃度（いずれも乾きガス中の酸素の体積濃度）がそれぞれ 3.5%，18.5% であるとき，このボイラの運転空気比および排ガス再循環率（排ガス混合前の燃焼用空気量に対する再循環排ガス量の体積割合 $[\text{m}^3_\text{N}/\text{m}^3_\text{N}]$）を計算せよ。

【解　答】

燃焼排ガス中の酸素濃度 $(O_2)_e$ は，

$$(O_2)_e = \frac{0.21(\alpha - 1)A_0}{G'} = \frac{0.21(\alpha - 1)A_0}{(\alpha - 0.21)A_0 + 22.4(c/12)} = 0.035$$

と表される。燃料油の理論空気量は

$$A_0 = (22.4/0.21)\{(c/12) + (h/4)\} = (22.4/0.21)\{(0.86/12) + (0.14/4)\}$$
$$= 11.4 \quad \text{m}^3_\text{N}/\text{kg-f}$$

したがって，

$$(O_2)_e = \frac{0.21(\alpha-1)\times 11.4}{(\alpha-0.21)\times 11.4 + 22.4(0.86/12)} = 0.035$$

$$\alpha = 1.19$$

ボイラの運転空気比は 1.19 である。

　排ガス再循環率を r とすると，燃焼用空気量 A〔m^3_N/kg_{-f}〕に対して Ar〔m^3_N/kg_{-f}〕の燃焼排ガスが混合されることになるが，排ガスを混合した空気中の酸素濃度 $(O_2)_a$ は乾きガスベースであるから，湿り燃焼ガスに対する乾き燃焼ガスの体積割合を x とすると，

$$(O_2)_a = \frac{0.21A + 0.035Arx}{A + Arx} = 0.185$$

と表される。いま，

$$x = \frac{G'}{G} = \frac{(\alpha-0.21)A_0 + 22.4\times\dfrac{c}{12}}{(\alpha-0.21)A_0 + 22.4\left(\dfrac{c}{12}+\dfrac{h}{2}\right)}$$

$$= \frac{(1.19-0.21)\times 11.4 + 22.4\times\dfrac{c}{12}}{(1.19-0.21)\times 11.4 + 22.4\left(\dfrac{0.86}{12}+\dfrac{0.14}{2}\right)} = 0.891$$

であるから，

$$(O_2)_a = \frac{0.21A + 0.035Ar\times 0.891}{A + Ar\times 0.891}$$

$$= \frac{0.21 + 0.035\times 0.891\times r}{1 + 0.891\times r} = 0.185$$

$$r = 0.187$$

排ガス再循環率は 0.187 である。

注）　排ガス再循環燃焼は NO_x 低減のためによく採用される燃焼方法の 1 つである。運転条件として排ガス再循環率を設定する場合，燃焼用空気量および再循環ガス量を直接に測定するのは容易ではないが，この例題のように，排ガス中の酸素濃度および燃焼用空気と再循環排ガスを混合したガス中の酸素濃度を測定すれば，排ガス再循環率を計算することができる。

　　いま，例題 4.4 において，燃焼ガス中の水蒸気の寄与を無視して $G'/G=1$ と仮定すると，

$$(O_2)_a = \frac{0.21A + (O_2)_e Ar}{A + Ar} = \frac{0.21 + (O_2)_e r}{1 + r}$$

となり，排ガス再循環率 r は，

$$r = \frac{0.21 - (O_2)_a}{(O_2)_a - (O_2)_e}$$

と，きわめて簡単な式で表されることになる。これは，排ガス再循環率を算定するための概略計算式として燃焼管理の現場でよく使用されている。

4章の演習問題

＊解答は，p. 215 参照

［演習問題 4.1］

甲乙2種の重油があり，これらを混合して空気比1.1で完全燃焼し，乾き燃焼排ガス中の SO_2 の濃度を1800 ppm にするには，甲乙両重油の質量割合をそれぞれ何％にすればよいか。ただし，燃料中の硫黄はすべて SO_2 になるものとし，重油の成分は以下のとおりである。

甲重油；C 84.0 ％, H 12.0 ％, S 4.0 ％

乙重油；C 87.0 ％, H 12.0 ％, S 1.0 ％

［演習問題 4.2］

炭素87 ％，水素13 ％の重油を空気比0.9で燃焼して被熱物を加熱し，加熱室出口の再燃焼室でさらに空気を加えて完全燃焼している設備がある。再燃焼室出口における乾き燃焼排ガス中の O_2 濃度（体積割合）が5 ％ であるとすると，再燃焼に使用された空気量は全空気量の何％か。

［演習問題 4.3］

体積比で C_3H_8 80 ％, C_4H_{10} 20 ％のLPガスを空気比1.2で完全燃焼している炉がある。いま，通常空気に代えて，酸素の体積濃度が23 ％の酸素富化空気を使用することにする。乾き排ガス中の酸素濃度が変わらないようにすると，燃焼排ガス量はLPガス1 kg 当たり何 m^3_N 減少するか。

［演習問題 4.4］

次の文章の $\boxed{1}$ ～ $\boxed{13}$ の中に入れるべき最も適切な数値，字句又は式をそれぞれの＜解答群＞から選び，その記号を答えよ。なお，同じ記号を2回以上使用し

てもよい。また，　A　〜　G　に当てはまる数値を計算し，その結果を有効数字3桁で答えよ。

　メタンガス（CH_4）を空気比 $\alpha=1.25$ で完全燃焼している燃焼設備があり，乾き燃焼ガス中の一酸化窒素（NO）の濃度（体積割合）が 90 ppm である。ただし，NO の量は微小であるため，燃焼に必要な空気量や燃焼ガス量などの計算においては，NO の影響は無視できるものとする。

1）CH_4 の燃焼反応式は，

$$CH_4 + \boxed{1}\ O_2 = \boxed{2}\ CO_2 + \boxed{3}\ H_2O \ \cdots\cdots\cdots\cdots\cdots\cdots\cdots ①$$

であり，燃料である CH_4 の $1\,m^3_N$（これを〔m^3_N-f〕と表記する）の完全燃焼に必要な酸素量，すなわち理論酸素量 O_0 は　$\boxed{4}$　〔m^3_N/m^3_N-f〕であり，CO_2 の生成量（V_{CO_2}）は　$\boxed{5}$　〔m^3_N/m^3_N-f〕，H_2O の生成量（V_{H_2O}）は　$\boxed{6}$　〔m^3_N/m^3_N-f〕である。

＜　$\boxed{1}$　〜　$\boxed{6}$　の解答群＞

ア　0.5　　　イ　1　　　ウ　2　　　エ　4

2）CH_4 の理論空気量 A_0〔m^3_N/m^3_N-f〕は，

$$A_0 = O_0 / \boxed{7} = \boxed{A}\ \ \text{〔}m^3_N/m^3_N\text{-f〕} \cdots\cdots\cdots\cdots\cdots\cdots ②$$

である。CH_4 を完全燃焼したときの乾き燃焼ガス量は

$$\text{「乾き燃焼ガス量」}=\text{「投入空気量」}-\boxed{8}+\boxed{9} \cdots\cdots\cdots ③$$

という考え方で求めることができ，空気比 $\alpha=1.25$ で完全燃焼した場合の乾き燃焼ガス量 G' は，

$$G' = \boxed{B}\ \ \text{〔}m^3_N/m^3_N\text{-f〕}$$

である。

＜　$\boxed{7}$　〜　$\boxed{9}$　の解答群＞

ア　0.21　　　　　イ　0.232　　　　　ウ　0.79

エ　CO_2 生成量　　オ　H_2O 生成量　　カ　CO_2 生成量＋H_2O 生成量

キ　理論空気量　　　ケ　理論酸素量

3）乾き燃焼ガス中の酸素濃度（体積割合）を（O_2）と表記すると，

$$(O_2) = \boxed{10} / G' = \boxed{C} \cdots\cdots\cdots\cdots\cdots\cdots\cdots\cdots ④$$

である。

＜　$\boxed{10}$　の解答群＞

ア　$0.21(\alpha-1)O_0$　　　イ　$(\alpha-1)O_0$　　　ウ　$(\alpha-0.21)O_0$

4）NO の生成量 V_{NO} は，乾き燃焼ガス中の NO 濃度（体積割合）が 90 ppm であるから，

$$V_{NO} = \boxed{\text{ D }} \; [\text{m}^3_\text{N}/\text{m}^3_\text{N}\text{-f}]$$

である。

5）いま，仮想的に，空気比 $\alpha = 1$ で完全燃焼が行われ（その場合，乾き燃焼ガス量は理論乾き燃焼ガス量となる），NO の生成量は $\alpha = 1.25$ のときと同じであるとする。

CH_4 の理論乾き燃焼ガス量 G_0' $[\text{m}^3_\text{N}/\text{m}^3_\text{N}\text{-f}]$ は，2）と同様に式③から計算され，

$$G_0' = \boxed{\text{ E }} \; [\text{m}^3_\text{N}/\text{m}^3_\text{N}\text{-f}]$$

である。したがって，この場合の NO 濃度（体積割合）を $(NO)_{\alpha=1}$ と表記すると，

$$(NO)_{\alpha=1} = \boxed{\text{ F }}$$

すなわち，$\boxed{\text{ G }}$ [ppm] である。

6）5）で求めた NO の濃度は，別の考え方から計算することもできる。一般に，空気比 $\alpha (\geqq 1)$ で完全燃焼している場合，

「乾き燃焼ガス量」＝「理論乾き燃焼ガス量」＋「過剰空気量」‥‥‥‥‥‥ ⑤

という関係がある。「過剰空気量」は乾き燃焼ガス中の酸素濃度 (O_2) を用いて $\boxed{11}$ と表されるので，式⑤は，

$$G' = G_0' + \boxed{12} \qquad \text{‥‥‥‥‥‥‥} ⑥$$

と表され，これより，

$$G'/G_0' = \boxed{13} \qquad \text{‥‥‥‥‥‥‥‥‥} ⑦$$

が導かれる。空気比を変更すると燃焼ガス量は変化するが，NO の生成量が不変であるとすれば，空気比が α のときの濃度値 $(NO)_\alpha$ は，乾き燃焼ガス量の増減に反比例して変化することになる。したがって，

$$(NO)_{\alpha=1} = (NO)_\alpha \times (G'/G_0') \qquad \text{‥‥‥‥‥‥‥‥‥} ⑧$$

となる。式⑦の右辺中の (O_2) に，3）の式④で求めた数値を代入すれば (G'/G_0') の値が計算され，それを式⑧に代入すれば，$(NO)_{\alpha=1}$ の値として 5）と同じ計算結果が得られる。

＜$\boxed{11}$〜$\boxed{13}$ の解答群＞

ア $0.21 / \{0.21 - (O_2)\}$	イ $0.21 / \{(O_2) - 0.21\}$	ウ $\{0.21 - (O_2)\}/0.21$
エ $(O_2) G'$	オ $0.21 (O_2) G'$	カ $\{(O_2)/0.21\} G'$

5章

燃焼に関する熱計算

5.1 燃料の発熱量

5.1.1 高発熱量と低発熱量

　燃料は化学的なエネルギーを内蔵しているが，そのエネルギーはそのままでは利用することができない。そこで，燃料を燃焼することにより化学的エネルギーを熱エネルギーに変換し（すなわち，高温の燃焼ガスを生成し），その熱エネルギーを有効に利用している。ある一定の状態（例えば，101.3 kPa（1気圧），25℃）に置かれた単位量の燃料が完全燃焼し（すなわち，燃料中の可燃元素（C, H, S）がすべて最終安定化学成分（CO_2, H_2O, SO_2）に変換し），燃焼生成物が当初の状態になるまでの間に取り出される熱量を燃料の発熱量という。したがって，燃料の発熱量とは，その燃料を燃焼することによって最大限に利用し得る熱量ということができる。

　燃焼によって生成される高温の燃焼ガスは，最大限に熱を取り出すと，最終的には燃焼前の燃料，空気と同一の温度になる。その際に，燃焼ガスを構成する成分のうち，H_2O を除くすべては気体の状態であるが，H_2O については，最終的な状態として，気体（水蒸気）の場合と液体（水）の場合が考えられる。H_2O が最終的に液体となる場合は，燃焼によって生成された水蒸気が温度低下にともなって凝縮し，その際に凝縮潜熱の発生がある。一方，H_2O の最終的な状態が気体である場合には，凝縮潜熱の発生はないから，全発生熱量はその分だけ小さい値になる。前者のように H_2O の最終状態が液体である場

合の発熱量を高発熱量（H_h），後者の場合を低発熱量（H_l）という。

　燃料の発熱量は，燃料が保有する化学エネルギーを，最大限に利用できる熱エネルギーの量として評価する値である。燃焼をともなう熱利用設備においては，燃料の保有するエネルギーのうちのどれだけを有効に利用しているかという熱効率が，その性能指標となる。その際，利用している熱エネルギー量が同一であっても，燃料の保有するエネルギーとしてH_hとH_lのどちらを選ぶかによって，熱効率の値が違うことになる。工業用熱利用設備においては，燃焼ガスを水蒸気の飽和温度以下にまで低下させようとすると，凝縮水による熱交換器の腐食等が懸念されるため，一般には，燃焼ガス中の水蒸気の凝縮潜熱まで利用することはなされていない。そのため，熱効率を定義する場合に，燃料の発熱量としては低発熱量を使用することが多い。

5.1.2　固体，液体燃料の発熱量

　固体，液体燃料の発熱量は，原則としてボンブ型断熱熱量計で測定される。熱量計は，燃料の燃焼熱を熱量計内の水に吸収させ，その水の保有熱量の増加分によって燃料の発熱量を測定するものである。したがって，熱量計の内部では，燃焼によって生成された水蒸気は凝縮するため，高発熱量が測定されることになる。

　固体，液体燃料の低発熱量は，燃料中の水素および水分の含有割合がわかれば，次のように計算される。燃料中の水素および水分の質量割合をそれぞれh, w〔kg/kg$_{-f}$〕とすると，表1.2の燃焼反応方程式より，単位質量の燃料から生成されるH_2Oは$9h+w$〔kg/kg$_{-f}$〕となる。低発熱量（H_l）は，熱量計で測定された高発熱量（H_h）から水蒸気の凝縮潜熱を差し引いたものであるから，H_2Oの凝縮潜熱を2.44 MJ/kgとして[注1]，

$$H_l = H_h - 2.44\,(9h+w)\ \text{〔MJ/kg}_{-f}\text{〕} \tag{5.1}$$

と表される。

　石炭のような固体燃料では，燃料が置かれている周囲環境条件によって含まれる水分[注2]の値が異なるために，発熱量の値が幾分違ったものになる。そこで，燃料に含まれる水分の条件を明確にするために，使用時ベース，気乾ベース，無水ベースなどに区別して発熱量の値を表示している[注3]。固体燃料の高

発熱量は気乾ベースのものを試料として測定されるが，燃料中の水素の元素分析値は無水ベースで表示されるので，使用時ベースの低発熱量を計算する場合には配慮を要する。いま，使用時ベースの湿分をw_2とすると（使用時ベースの燃料1 kgのうちw_2〔kg〕が湿分として付着している），使用時ベースの1 kgは気乾ベースでは$(1-w_2)$〔kg〕である。したがって，気乾ベースで測定された高発熱量を$H_h{}^*$とすると，使用時ベースの高発熱量は，

$$H_h = H_h{}^*(1-w_2) \quad \text{〔MJ/kg}_{-f}\text{〕} \tag{5.2}$$

と表され，このH_hから，燃焼によって生成する水蒸気（全水分および燃料中水素から生成）の凝縮潜熱を差し引いたものが低発熱量になる。燃料中の水素の元素分析値をh_0とすると，これは無水ベース1 kg中の水素の質量である。したがって，気乾ベースの水分をw_1とすると，使用時ベースの燃料1 kgは，無水ベースでは$(1-w_1)(1-w_2)$〔kg〕となるから，使用時ベースの燃料1 kg中の水素の質量h〔kg/kg$_{-f}$〕は，

$$h = h_0(1-w_1)(1-w_2) \quad \text{〔kg/kg}_{-f}\text{〕}$$

となる。気乾ベース試料中の水分は使用時ベースの1 kg当たりでは$w_1(1-w_2)$〔kg/kg$_{-f}$〕であるから，使用時ベースの燃料1 kg 中の全水分はw_2+w_1

注1）　発熱量を定義する基準の状態（燃焼前の温度，圧力）が変われば発熱量の値がわずかながら異なり，水蒸気の凝縮潜熱の値も変化する。例えば，25℃および0℃における水蒸気の凝縮潜熱は，それぞれ，2.44 MJ/kg（583 kcal/kg）および2.50 MJ/kg（600 kcal/kg）である。したがって，厳密には，基準の状態を明示して発熱量を提示すべきであり，通常は規準大気環境の状態（25℃，101.3 kPa）を基準状態としているが，実用上の燃焼計算においては，水蒸気の凝縮潜熱の概略値として2.5 MJ/kg（600 kcal/kg）が使用されることも多い。

注2）　固体燃料の発熱量は，気乾試料を用いて測定し，気乾ベースあるいは無水ベースで発熱量の値を表示することになっている（JIS M8814）。固体燃料の気乾ベースの試料中に含まれる水分は，石炭については107±2℃で1時間，コークス類については200±10℃で5時間，加熱乾燥したときの減量（質量%）として表される（JIS M8812）。実際に使用される状態の石炭は気乾ベースでないことが多く，周囲環境の条件によって燃料の表面に付着した水分を湿分と呼び，上記の水分と湿分の合計を全水分という。

注3）　使用時ベースとは，実際にその固体燃料を燃焼する際の状態をいい，燃料が置かれた環境条件によって湿分の値が異なる。気乾ベースとは，室温において実験室の雰囲気に平衡させた状態と定義され，空気中で十分に乾燥させた状態と考えてよい。無水ベースとは，気乾ベースの試料から水分を差し引いたものをいう。

$(1-w_2)$〔kg/kg$_{-f}$〕となる。したがって，使用時ベースの低発熱量は次式で計算されることになる。

$$H_l = H_h{}^*(1-w_2)-2.44\{9h_0(1-w_1)(1-w_2)+w_2+w_1(1-w_2)\}$$

$$〔MJ/kg_{-f}〕\quad(5.3)$$

5.1.3　気体燃料の発熱量

　気体燃料の発熱量は，ユンカース式流水形熱量計で測定するのが原則であり，やはり，高発熱量（H_h）が測定される。低発熱量（H_l）は，固体，液体燃料の場合と同様に，次式で計算される。

$$H_l = H_h-1.96\{h_2+\Sigma(n/2)c_mh_n\}\quad〔MJ/m^3_{N-f}〕\quad(5.4)$$

式（5.4）の右辺の｛　｝内は，気体燃料の $1\,m^3_N$ の燃焼によって生成される水蒸気量〔m^3_N/m^3_{N-f}〕である。また，水蒸気 $1\,m^3_N$ の凝縮潜熱は，

$$2.44〔MJ/kg〕\times\frac{18〔kg/kmol〕}{22.4〔m^3_N/kmol〕}=1.96\ 〔MJ/m^3_N〕$$

である。

　気体燃料を構成する各単体ガスは化学的な結合はしていないので，その発熱量は，各成分ガスの発熱量の総和として計算することもできる。気体燃料を構成する各単体ガスの H_h, H_l は熱化学データとして提示されており，それらのデータと各単体ガスの体積割合から，

$$H_h=12.63co+12.74h_2+39.82ch_4+70.33c_2h_6+\cdots\cdots〔MJ/m^3_{N-f}〕\quad(5.5)$$

$$H_l=12.63co+10.78h_2+35.88ch_4+64.38c_2h_6+\cdots\cdots〔MJ/m^3_{N-f}〕\quad(5.6)$$

表 5.1　気体燃料を構成する各単位ガスの高発熱量

ガ　　ス	高発熱量 H_h〔MJ/m$^3_{N-f}$〕
H_2	12.74
CO	12.63
CH_4	39.82
C_2H_6	70.33
C_2H_4	63.43
C_2H_2	58.54
C_3H_8	101.2
C_3H_6	93.53
$n\text{-}C_4H_{10}$	133.8
$i\text{-}C_4H_{10}$	132.8

のように計算することもできる。**表5.1** に代表的な単体ガスの高発熱量の値を示す。

5.2 燃焼前後の熱バランスと理論燃焼ガス温度の計算

　燃焼装置では，高温の燃焼ガスを生成し，その燃焼ガスから被熱物に熱を伝えることによって，燃料の保有するエネルギーを有効利用しているわけであり，燃焼ガスの温度はこの伝熱過程を支配する主要な因子である。したがって，燃焼装置の設計や熱管理においては，燃焼に関与する物質の量的関係に加えて，燃焼ガスの温度を知ることも大変重要である。

　燃焼ガスの温度は，エネルギー保存の法則に基づき，燃焼前の燃料と空気が保有する熱量と燃焼後の燃焼ガス保有熱および燃焼ガスからの放熱量などを等置することによって計算することができる。燃焼反応前後の熱バランスに関与する諸量を以下のような記号で表す。

　　燃料の低発熱量：H_l〔kJ/kg$_{-f}$〕，〔kJ/m$^3_{N-f}$〕

　　燃焼効率：η_c

　　燃料および空気の予熱顕熱：Q_p〔kJ/kg$_{-f}$〕，〔kJ/m$^3_{N-f}$〕

　　燃焼ガス量（湿り燃焼ガス量）：G〔m^3_N/kg$_{-f}$〕，〔m^3_N/m$^3_{N-f}$〕

　　燃焼ガスの平均定圧比熱：c_{pm}〔kJ/(m^3_N・K)〕

　　燃焼ガスからの放熱量：Q_r〔kJ/kg$_{-f}$〕，〔kJ/m$^3_{N-f}$〕

　　燃焼ガス温度：T_g〔K〕

　　基準温度：T_0〔K〕

　ここに，燃焼効率とは燃料の保有する化学エネルギーが熱エネルギーに変換された割合である。すなわち，燃料の一部が完全燃焼せずに，CO，H_2，C_mH_n あるいはすすなどの未燃物が生成した場合，燃料の単位量当たりのこれら未燃物の生成量を b_l とし，それぞれの発熱量を H_{bl} とすると，$\Sigma(b_lH_{bl})$ は熱エネルギーに変換されずに依然として化学エネルギーの形態で残存していることになる。したがって，その場合の燃焼効率は，

　　$\eta_c = 1-$（未燃物の発熱量）/（燃料の発熱量）

　　　$= 1-\Sigma(b_lH_{bl})/H_l$ 　　　　　　　　　　　　　　　　　(5.7)

と表される。ここで，一般に，燃料の発熱量としては低発熱量を採用してお
り，その場合には未燃物の発熱量としては低発熱量を使用する。

　燃焼用空気が予熱される場合には，

$$Q_\mathrm{p} = (空気量) \times (空気の平均定圧比熱) \times \{(予熱温度) - (基準温度)\}$$

と計算される。基準温度には，一般に，規準大気温度として 298 K (25℃) が選
ばれる。

　燃焼ガスからの放熱には，被熱物への熱伝達や放射伝熱，さらには炉壁を通
じて外部への熱通過などがあるが，これらを一括して Q_r で表している。

　c_{pm} は T_0 から T_g の間の湿り燃焼ガスの平均定圧比熱であり，燃焼ガスの保
有熱は，

$$(湿り燃焼ガス量) \times (平均定圧比熱) \times \{(燃焼ガス温度) - (基準温度)\}$$

で計算される。一般の燃焼装置では，燃料と空気が流入し燃焼ガスが流出す
る，流れ系（開放系）であるから，燃焼反応前後のエネルギーバランスは，燃
焼室に流入・流出するエンタルピーによって記述される。したがって，燃焼ガ
スの保有熱（エンタルピー）を算定する場合には定圧比熱を使用することにな
る。

　単位量の燃料の燃焼において，燃焼前のエネルギー（燃焼ガスに受け渡され
る熱エネルギー）は，

$$\eta_\mathrm{c} H_\mathrm{l} + Q_\mathrm{p}$$

となり，燃焼後のエネルギーは

$$G\,c_{pm}(T_\mathrm{g} - T_0) + Q_\mathrm{r}$$

と表される。エネルギー保存則に基づき，燃焼前後のエネルギーを等置して整
理すれば，燃焼ガス温度 T_g は次式で表されることになる。

$$T_\mathrm{g} = \frac{\eta_\mathrm{c} H_\mathrm{l} + Q_\mathrm{p} - Q_\mathrm{r}}{G\,c_{pm}} + T_0 \quad 〔K〕 \tag{5.8}$$

　燃焼ガスからの放熱がない（$Q_\mathrm{r}=0$）ときの燃焼ガス温度を断熱燃焼ガス温度
という。とくに，基準温度の燃料と空気が完全燃焼した場合（$Q_\mathrm{p}=0$，$\eta_\mathrm{c}=1$）
の燃焼ガス温度は次式で表され，これを断熱理論燃焼ガス温度（T_th）という。

$$T_\mathrm{th} = \frac{H_\mathrm{l}}{G c_{pm}} + T_0 \quad 〔K〕 \tag{5.9}$$

　湿り燃焼ガス量 G は，3 章で示したように，燃料成分組成と空気比から計

算され，H_l は燃料に固有の値であるから，T_{th} は燃料の種類と空気の条件（空気比）だけから決定される。

　式 (5.9) の断熱理論燃焼ガス温度は，空気比が $\alpha=1$ で完全燃焼した理想的な場合に最高となり，この温度をとくに最高理論燃焼ガス温度とよぶこともある。いくつかの燃料について，最高理論燃焼ガス温度 T_{th} を**表 5.2** に示す。T_{th} は実際に実現される温度ではないが，燃料の種類と燃焼ガス温度との大略の相関をうかがうことができる。

　図 5.1 は，一例として，C_3H_8 をいろいろな空気比で燃焼した場合の断熱理論燃焼ガス温度を示したものである。図中の破線は後述する断熱平衡燃焼ガス温度である。空気比によって燃焼ガス温度は大きく変化し，燃焼ガス温度の制御の面からも，適切な空気比コントロールが重要であることがわかる。**図 5.2** は，予熱空気を用いて C_3H_8 を燃焼した場合の断熱理論燃焼ガス温度である。燃焼排ガスの保有熱を用いて燃焼用空気の予熱を行う排熱回収は，省エネルギー技術手段としてよく採用されるが，この図に示されるように燃焼ガス温度の上昇という意味もある。**図 5.3** は，酸素富化空気（空気に酸素を加えるなどによって，酸素濃度を通常の空気よりも高めたもの）を用いた場合の断熱理論燃焼ガス温度であり，通常の空気燃焼の場合に比べて供給空気中の窒素ガス量が減少するために（すなわち，燃焼ガス量が減少するために），燃焼ガス温度が上昇する。

　燃焼ガス温度の概略値を計算する場合には，c_{pm} や Q_r を一定値として与え，式(5.8), (5.9)によって T_g や T_{th} を計算することが多いが，より正確に燃焼ガス温度を知る必要がある場合には，以下の手順で計算を行う。まず，T_g に適当な値を仮定し，**表 5.3** のような熱物性値表より，各燃焼ガス成分の T_0 から T_g までの平均定圧比熱（例えば，c_{p,N_2}）を求め，湿り燃焼ガス中の各成分の体積割合（例えば，$(N_2)_w$）から，

$$c_{pm} = (N_2)_w \, c_{p,N_2} + (O_2)_w \, c_{p,O_2} + (CO_2)_w \, c_{p,CO_2} + (H_2O)_w \, c_{p,H_2O} + \cdots\cdots$$

にて c_{pm} を計算する。この c_{pm} を用いて式 (5.8) より T_g を計算し，それが先に仮定した値と一致すればそれが求める燃焼ガス温度となる。一致しなければ，計算された T_g を新しい仮定値として，一致するまで同じ手順を繰り返す。図 5.1〜5.3 はこのような手順で計算した結果である。

表5.2 各種燃料の最高理論燃焼ガス温度

燃料の種類	低 発 熱 量 H_1	最高理論燃焼ガス温度 T_{th}
H_2	10.78〔NJ/m³$_N$〕	2 250〔℃〕
CO	12.63	2 390
CH_4	35.88	2 050
C_2H_2	56.56	2 640
C_3H_8	93.15	2 120
重油 $\binom{c=0.87}{h=0.13}$	40.19〔MJ/kg〕	2 030

* 25℃の燃料と理論量の乾き空気（O_2容積割合21%）が0.1 MPa（大気圧）のもとで完全燃焼し，燃焼生成ガスはCO_2,H_2O,N_2だけを考えた場合。

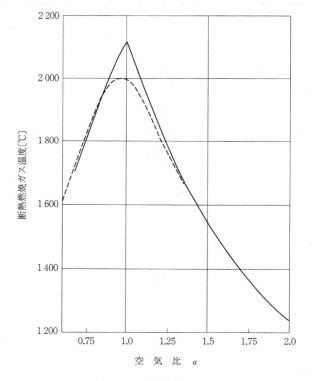

*1) 25℃の乾き空気を用いて0.1MPa（大気圧）のもとで燃焼。
*2) 実線：断熱理論燃焼ガス温度（化学平衡を考えず，$\alpha \geqq 1$では完全燃焼，$\alpha<1$では不完全燃焼生成物としてCOだけを考慮）。
　　破線：断熱平衡燃焼ガス温度（CO_2, CO, H_2O, H_2, O_2, N_2, NO, O, H, OH, Nの化学種を考慮した平衡計算による）。

図5.1 空気比に対する断熱理論燃焼ガス温度および断熱平衡燃焼ガス温度（燃料：C_3H_8）

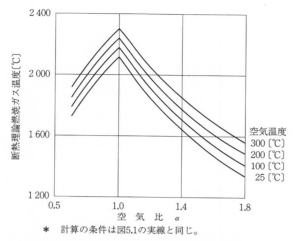

＊　計算の条件は図5.1の実線と同じ。

図5.2　予熱空気使用による断熱理論燃焼ガス温度(燃料：C_3H_8)

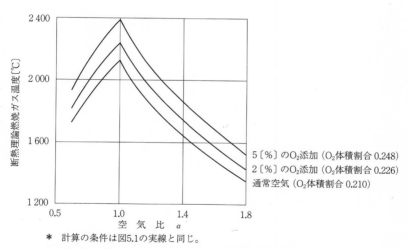

＊　計算の条件は図5.1の実線と同じ。

図5.3　酸素富化空気使用による断熱理論燃焼ガス温度(燃料：C_3H_8)

　以上に燃焼ガス温度の計算方法を述べたが，実際の燃焼室内の温度を正確に計算するのは簡単ではない。すなわち，燃焼室内の全体にわたって燃料と空気が一様に混合しているわけではなく，また，燃焼ガスからの放熱 Q_r も場所によって変化するため，T_g は一様ではなく，複雑な温度分布が形成される。し

表5.3　主要な燃焼ガス成分の298〜T〔K〕の間の平均定圧比熱

〔kJ/(m³ₙ・K)〕

T〔K〕	N_2	O_2	CO_2	CO	H_2O	H_2	SO_2
400	1.301	1.327	1.756	1.303	1.512	1.296	1.862
500	1.307	1.346	1.838	1.310	1.530	1.300	1.936
600	1.314	1.366	1.909	1.322	1.551	1.302	2.002
700	1.325	1.388	1.972	1.335	1.575	1.305	2.059
800	1.338	1.408	2.028	1.349	1.600	1.307	2.109
900	1.351	1.427	2.079	1.364	1.625	1.311	2.151
1 000	1.364	1.443	2.123	1.379	1.651	1.315	2.189
1 100	1.377	1.459	2.164	1.393	1.679	1.320	2.221
1 200	1.390	1.472	2.201	1.406	1.705	1.325	2.249
1 300	1.403	1.485	2.234	1.419	1.733	1.332	2.274
1 400	1.415	1.497	2.264	1.431	1.759	1.339	2.297
1 500	1.425	1.507	2.291	1.442	1.785	1.346	2.317
1 600	1.436	1.518	2.316	1.453	1.811	1.354	2.335
1 700	1.446	1.527	2.339	1.462	1.836	1.363	2.351
1 800	1.455	1.536	2.360	1.471	1.860	1.371	2.366
1 900	1.464	1.544	2.379	1.479	1.883	1.379	2.379
2 000	1.472	1.552	2.397	1.487	1.905	1.388	2.392
2 100	1.479	1.559	2.414	1.495	1.927	1.396	2.404
2 200	1.487	1.567	2.430	1.502	1.948	1.404	2.415
2 300	1.493	1.574	2.444	1.508	1.968	1.413	2.425
2 400	1.500	1.581	2.458	1.515	1.987	1.420	2.434
2 500	1.506	1.588	2.471	1.520	2.005	1.428	2.443

たがって，上述の計算方法は，燃焼室内の全体にわたっての平均的な燃焼ガス温度を計算するものであるということを承知しておく必要がある。

5.3　平衡燃焼ガス温度

　前節の燃焼ガス温度の計算では，燃焼ガス成分としてはN_2, O_2, CO_2, H_2O, SO_2などのいわゆる完全燃焼ガス成分だけを考えている。しかし，実際の高温の燃焼ガス中では燃焼ガス成分の熱解離が起こっており，空気比が1以上で燃焼した場合でも，微少量ながら CO や H_2 あるいは，O, H, OH, N などの活性化学成分も存在している。

　高温の燃焼ガス中では，

$$CO_2 \rightleftarrows CO + (1/2)\, O_2$$

$$H_2O \rightleftarrows H_2 + (1/2)\, O_2$$

$$H_2O \rightleftarrows (1/2)\, H_2 + OH$$

$$(1/2)\, H_2 \rightleftarrows H$$

$$(1/2)\, O_2 \rightleftarrows O$$

$$(1/2)\, N_2 \rightleftarrows N$$

$$(1/2)\, O_2 + (1/2)\, N_2 \rightleftarrows NO$$

などの素反応において，右向きの順反応と左向きの逆反応の速度がつり合って平衡し，左辺と右辺のガス成分が共存している。左辺と右辺のガス成分の存在する割合は，

$$K_{p_1} = \frac{p_{CO} \cdot (p_{O_2})^{1/2}}{p_{CO_2}}, \quad K_{p_2} = \frac{p_{H_2} \cdot (p_{O_2})^{1/2}}{p_{H_2O}}, \quad \cdots\cdots$$

のように規定される。ここに，p_{CO_2}などは各ガス成分の分圧（（分圧）/（全圧）＝（成分の体積割合））であり，K_{p_1}などは平衡定数という。平衡定数の値は燃焼ガスの温度だけから決定され，熱化学データとして提示されている。

　このような燃焼ガス中の平衡状態を考慮した場合の燃焼ガス温度は，以下の方法により計算される。まず，適当に燃焼ガス温度 T_g を仮定し，熱化学データ表から平衡定数を求める。平衡定数によって規定される各ガス成分の分圧比および C, H, O, N などの元素についての燃焼前後の物質バランスなどから，仮定した T_g におけるすべての燃焼ガス成分割合（平衡燃焼ガス組成）を計算する。ついで，燃焼反応後のエネルギー（全燃焼ガス成分のエンタルピーの総和および放熱量）を計算し，これが燃焼前のエネルギーに一致すれば，それが求める燃焼ガス温度になる。一致しなければ，逐次 T_g を仮定し直して，燃焼前後のエネルギーバランスが成立する温度を求める。ただし，平衡定数の値は温度によって変化するので，温度を仮定するごとに平衡燃焼ガス組成を計算し直さねばならない。このようにして計算される燃焼ガス温度を平衡燃焼ガス温度といい，燃焼ガスからの放熱がない場合を断熱平衡燃焼ガス温度という。上述の一連の計算は，試行錯誤的な数値計算によって実行される。より具体的な計算方法の詳細には言及しないが，必要があれば燃焼工学の専門書を参照されたい。

　平衡燃焼ガス温度は前節で述べた燃焼ガス温度よりも正確であり，燃焼が非

常に速やかな場合，例えば予混合気燃焼における火炎面の温度はほぼ平衡燃焼ガス温度に近いとされている。いろいろな空気比のもとでの断熱平衡燃焼ガス温度の計算結果の一例を，断熱理論燃焼ガス温度と比較して図5.1に示している。約1 700℃以上の高温になると熱解離の影響が顕著になり，断熱理論燃焼ガス温度のほうが断熱平衡燃焼ガス温度よりもいくぶん高温に計算されることがわかる。しかし，その差異は著しく誤りを生じるほどでもなく，実用的な熱管理においては，前節に述べた燃焼ガス温度の計算によって十分に有効な情報を得ることができる。

［例題 5.1］

　　C＝85.8％，H＝12.1％，S＝2.1％の重油を燃焼させたとき，乾き燃焼排ガスの分析結果が下記のとおりであった。この場合の燃焼効率は何％か。

　　ただし，重油の低発熱量は41.0 MJ/kg$_{-f}$，COの発熱量は12.6 MJ/m^3_Nとし，CO以外の未燃物はないものとする。

乾き燃焼排ガス組成：

　　N$_2$：83.0％，O$_2$：3.0％，CO$_2$：12.3％，CO：1.6％，SO$_2$：0.1％

＜考え方＞

(イ)　未燃物はCOだけであり，COの発熱量が与えられているから，重油1 kg当りのCO量（m^3_N/kg$_{-f}$）がわかれば燃焼効率は計算できる。

(ロ)　CO量はG'(CO)で計算される。完全燃焼ではないから，G'を3章で示した計算式を用いて計算することはできないが，4.3.1項で述べた炭素についての物質バランス式（式(4.8)）

$$(CO_2) + (CO) = \frac{(c/12) \times 22.4}{G'}$$

より，G'が得られる。

【解　答】

　　燃料中の炭素はすべてCO$_2$とCOになっているから，重油1 kg当りの乾き燃焼ガス量は，燃焼反応前後の炭素の物質バランスより，

$$G' = \frac{(c/12) \times 22.4}{(CO_2) + (CO)}$$

$$= \frac{(0.858/12) \times 22.4}{0.123+0.016} = 11.5 \ \mathrm{m^3_N/kg_{-f}}$$

したがって，重油 1 kg 当たりの未燃 CO の発熱量は

$$11.5 \times 0.016 \times 12.6 = 2.32 \ \mathrm{MJ/kg_{-f}}$$

となり，燃焼効率 η_c は，

$$\eta_c = 1-(2.32/41.0) = 0.943$$

94.3 % である。

［例題 5.2］

炭素 87.0%，水素 13.0%，低発熱量 40.6 MJ/kg$_{-f}$ の重油を完全燃焼している炉において，25℃の燃焼用空気を用いた場合，乾き排ガス中の酸素濃度（体積割合）は 3.0% であった。いま，この炉において，燃焼用空気に 300℃の予熱空気を用いるとすれば，重油の節約率は何%になるか。

ただし，基準温度は 25℃とし，炉に供給すべき熱量は変わらないものとする。また，重油の顕熱は無視し，空気の平均定圧比熱は 1.32 kJ/(m^3_N・K)とする。

＜考え方＞

(イ)　炉に供給する熱量は一定だから，予熱空気の顕熱量に相当するだけの燃焼熱量（重油使用量）が節約されることになる。

(ロ)　燃料成分組成と排ガス中酸素濃度から，重油の単位量当たりの使用空気量を計算すれば，$(a) \Leftarrow \{(fuel), (gas)\}$，$A = \alpha A_0$ から予熱空気の顕熱量がわかる。

【解　答】

まず，重油の理論空気量を求める。式 (2.2) より，

$$A_0 = (22.4/0.21)\{(c/12)+(h/4)\}$$
$$= (22.4/0.21)\{(0.870/12)+(0.130/4)\} = 11.2 \ \mathrm{m^3_N/kg_{-f}}$$

乾き燃焼ガス量を G' 〔m^3_N/kg$_{-f}$〕，空気比を α とすると，題意より，

$$\frac{0.21(\alpha-1)A_0}{G'} = (\mathrm{O_2}) = 0.030 \tag{a}$$

ここで，G' は式 (3.9) より，

$$G' = (\alpha-0.21)A_0 + 22.4(c/12) \tag{b}$$

式(a)，(b)より，

$$\frac{0.21(a-1)\times 11.2}{(a-0.21)\times 11.2+22.4\times(0.870/12)}=0.030$$

これを解くと，$a=1.16$ となる。したがって使用空気量は，

$$A = aA_0 = 1.16\times 11.2 = 13.0 \ \mathrm{m^3_N/kg\text{-}_f}$$

単位時間当たりの重油使用量を，予熱空気使用前後で x_1, x_2〔kg〕とすると，供給熱量は不変であることから，

$$x_1\times 40.6\times 10^3 = x_2\times\{40.6\times 10^3+13.0\times 1.32\times(300-25)\}$$

$$x_2 = 0.896x_1$$

したがって，重油節約率は，

$$\{(x_1-x_2)/x_1\}\times 100 = \{(x_1-0.896x_1)/x_1\}\times 100 = 10.5\%$$

【別　解】

使用空気量は次のようにしても計算できる。理論乾き燃焼ガス量は，

$$G_0' = (1-0.21)A_0+(c/12)$$

$$= 0.79\times 11.2+22.4\times(0.870/12) = 10.5 \ \mathrm{m^3_N/kg\text{-}_f}$$

過剰空気量を A_e〔$\mathrm{m^3_N/kg\text{-}_f}$〕とすれば，

$$\frac{0.21A_e}{G_0'+A_e}=(O_2)=0.030$$

これより，

$$A_e = 1.75$$

$$A = A_0+A_e = 11.2+1.75 = 13.0 \ \mathrm{m^3_N/kg\text{-}_f}$$

[例題 5.3]

炭素 86%，水素 12.5%，硫黄 1.5% から成る重油（低発熱量 41.9 MJ/kg-f）を空気比 1.2 で完全燃焼したとき，燃焼ガス温度はいくらになるか。

ただし，基準温度は 25℃，燃焼用空気温度は 200℃，重油温度は 100℃であり，空気および重油の平均定圧比熱はそれぞれ 1.30 kJ/($\mathrm{m^3_N}$・K)，1.88 kJ/(kg・K) とし，乾き燃焼ガスおよび水蒸気の平均定圧比熱はそれぞれ 1.63 kJ/($\mathrm{m^3_N}$・K)，1.80 kJ/($\mathrm{m^3_N}$・K) とする。また，炉壁からの放熱損失は全入熱の 12% とする。

＜考え方＞

　入熱として，燃料の発熱量，重油の顕熱，空気の顕熱を，出熱として乾き燃焼ガスの顕熱，燃焼ガス中の水蒸気の顕熱，放熱損失を計算し，入・出熱のバランス式より燃焼ガス温度を計算すればよい。

【解　答】

　まず空気量 A，乾き燃焼ガス量 G'，水蒸気量を求めておく。理論空気量 A_0 は式 (2.2) より，

$$A_0 = (22.4/0.21)\{(c/12)+(h/4)+(s/32)\}$$

$$= (22.4/0.21)\{(0.86/12)+(0.125/4)+(0.015/32)\} = 11.0 \ \text{m}^3{}_\text{N}/\text{kg}_{-\text{f}}$$

空気量 A は

$$A = \alpha A_0$$

$$= 1.2 \times 11.0 = 13.2 \ \text{m}^3{}_\text{N}/\text{kg}_{-\text{f}}$$

乾き燃焼ガス量 G' は式 (3.10) より，

$$G' = \alpha A_0 - 5.6h$$

$$= 13.2 - 5.6 \times 0.125 = 12.5 \ \text{m}^3{}_\text{N}/\text{kg}_{-\text{f}}$$

燃焼ガス中の水蒸気量は，

$$22.4 \times (h/2)$$

$$= 22.4 \times (0.125/2) = 1.40 \ \text{m}^3{}_\text{N}/\text{kg}_{-\text{f}}$$

　次に，燃料 1 kg 当たりについて入・出熱の各項目の計算を行う。

　入熱：

　　　燃料の発熱量 $= 41.9 \times 10^3 \ \text{kJ/kg}_{-\text{f}}$

　　　空気の顕熱 $= 13.2 \times 1.30 \times (200-25) = 3.00 \times 10^3 \ \text{kJ/kg}_{-\text{f}}$

　　　重油の顕熱 $= 1 \times 1.88 \times (100-25) = 141 \ \text{kJ/kg}_{-\text{f}}$

燃焼ガス温度を T_g〔℃〕とすると，

　出熱：

　　　乾き燃焼ガスの顕熱 $= 12.5 \times 1.63 \times (T_\text{g}-25) = 20.4(T_\text{g}-25) \ \text{kJ/kg}_{-\text{f}}$

　　　水蒸気の顕熱 $= 1.40 \times 1.80 \times (T_\text{g}-25) = 2.52(T_\text{g}-25) \ \text{kJ/kg}_{-\text{f}}$

　　　放熱損失 $= (41.9 \times 10^3 + 3.00 \times 10^3 + 141) \times 0.12 \ \text{kJ/kg}_{-\text{f}}$

入・出熱それぞれの合計量を等置することにより T_g が得られる。

$$(41.9 \times 10^3 + 3.00 \times 10^3 + 141)$$

$$= (20.4 + 2.52)(T_\text{g}-25) + (41.9 \times 10^3 + 3.00 \times 10^3 + 141) \times 0.12$$

$$T_\text{g} = 1.76 \times 10^3 \ \text{℃}$$

＜参考・引用文献＞

1) JANAF Thermochemical Tables (2 nd Ed.)，NSRDS-NBS 37 (1971)
2) 日本機械学会編：伝熱工学資料，(1986)，日本機械学会
3) 日本機械学会編：機械工学便覧（A 6 編　熱工学），(1987)，日本機械学会
4) 日本機械学会編：流体の熱物性値集，(1983)，日本機械学会
5) 山崎正和：熱計算入門 III　一燃焼計算一，(1988)，省エネルギーセンター

5 章の演習問題

＊解答は，**p. 220** 参照

[演習問題 5.1]

　プロパン（C_3H_8）を燃焼して1 000℃のガスを毎時1 000 m^3_N 発生しようとする。下の問いに答えよ。ただし，基準温度は25℃とし，プロパンは25℃で供給されて完全燃焼し，放熱損失はないものとする。また，理論燃焼ガスおよび空気の平均定圧比熱はそれぞれ1.47 kJ/(m^3_N・K)，1.34 kJ/(m^3_N・K) で一定とし，25℃におけるプロパンの高発熱量は 101.2 MJ/m^3_N，水の蒸発潜熱は 2.44 MJ/kg とする。

(1)　25℃の空気を供給して燃焼する場合，プロパンの所要量〔kg/h〕を計算せよ。

(2)　25℃の空気に代えて150℃の予熱空気を使用すると，プロパンの所要量は何%増減するか。

[演習問題 5.2]

　質量組成が炭素87%，水素13% の重油を空気比1.3 で完全燃焼している炉がある。次の問いに答えよ。

(1)　燃焼室内の燃焼ガス温度は何℃か。

(2)　煙道から150℃の燃焼排ガスを供給空気量の15%だけ燃焼室に再循環した場合，燃焼ガス温度は何℃低下するか。

　　ただし，燃焼室での放熱損失はなく，基準温度は20℃とし，重油と空気は20℃で供給される。また，重油の低発熱量は41.0 MJ/kg，燃焼ガスの定圧比熱は1.6 kJ/(m^3_N・K) で一定とする。なお，燃焼ガス成分の熱解離はないものとする。

[演習問題 5.3]

　次の文章の　1　～　8　の中に入れるべき最も適切な字句，数値又は式をそれぞれの＜解答群＞から選び，その記号を答えよ。なお，　6　～　8　は2箇所あるが，それぞれ同じ記号が入る。また，　A　～　D　に当てはまる数値を計算し，

その結果を有効数字3桁で答えよ。

図に示すようなプロセス排気昇温設備に，温度が t_{in}〔℃〕のプロセス排気が流量 V_{eff}〔m^3_N/min〕で流入している。加熱用バーナで生成される燃焼ガスが吹き込まれ，流入するプロセス排気と完全に混合されることにより，温度 t_{out}〔℃〕まで昇温されたガスとなり設備から流出する。加熱用バーナでは，燃料油を流量 W_f〔kg/min〕で燃焼している。

後述の(2)〔ケースⅠ〕及び(3)〔ケースⅡ〕について，プロセス排気を所期の温度まで昇温するために必要な燃料の流量を計算する。ただし，

・昇温設備から外部への放熱はないものとする。

・熱バランス計算における基準温度 t_0 は $t_0 = 25℃$ とする。

・燃料油の高発熱量は $H_h = 45.6 \times 10^3$kJ/kg-f，低発熱量は $H_l = 42.7 \times 10^3$kJ/kg-f であり，燃料油の成分である炭素の質量組成は $c = 0.87$kg/kg-f，水素の質量組成は $h = 0.13$kg/kg-f である。ここに，kg-f は燃料油の1kg当たりを意味する表記である。

・加熱用バーナでは，燃料流量によらず空気比 $\alpha = 1.2$ 一定で完全燃焼している。

・燃料油及び燃焼用空気は基準温度 t_0 で加熱用バーナに供給される。

・プロセス排気及び加熱用バーナで生成される燃焼ガスの定圧比熱は，共に $c_{pm} = 1.41$kJ/(m^3_N·K)で一定とする。

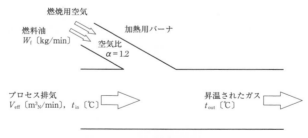

図　プロセス排気昇温設備

(1) 熱バランス計算のための準備として，燃料油の1kg当たり生成される燃焼ガス量 G〔m^3_N/kg-f〕を計算する。

1) この燃料油の理論空気量 A_0〔m^3_N/kg-f〕は，炭素及び水素の燃焼における反応方程式に基づき，燃料油の成分組成，空気中の酸素の体積割合，モル体積の値などから次の数式で表される。

$$A_0 = \boxed{1} \times \boxed{2} \quad [\mathrm{m^3_N/kg\text{-}f}]$$

これに数値を代入して計算すると，次の値となる。

$$A_0 = \boxed{A} \quad [\mathrm{m^3_N/kg\text{-}f}]$$

<　$\boxed{1}$　及び　$\boxed{2}$　の解答群＞

ア　$(0.21/22.4)$ 　　　　イ　$(1/22.4)$ 　　　　ウ　22.4

エ　$(22.4/0.21)$ 　　　　オ　$\{(c/12)+(h/2)\}$ 　　カ　$\{(c/12)+(h/4)\}$

キ　$\{(c/44)+(h/9)\}$ 　　ク　$\{(c/44)+(h/18)\}$

2）燃焼ガス量 G は，

「燃焼ガス量」＝「投入空気量」－「理論酸素量」＋$\boxed{3}$

という考え方から求めることができる。したがって，燃焼ガス量 G〔$\mathrm{m^3_N/kg\text{-}f}$〕は，理論空気量 A_0，空気比 α，燃料油の成分組成，モル体積の値などから，次の数式で表される。

$$G = \boxed{4} + \boxed{5} \quad [\mathrm{m^3_N/kg\text{-}f}]$$

これに数値を代入して計算すると，次の値となる。

$$G = \boxed{B} \quad [\mathrm{m^3_N/kg\text{-}f}]$$

<　$\boxed{3}$　〜　$\boxed{5}$　の解答群＞

ア　$(\alpha-1)A_0$ 　　　　イ　$(\alpha-0.21)A_0$ 　　ウ　$22.4(c/12)$

エ　$22.4(h/4)$ 　　　　オ　$22.4\{(c/12)+(h/2)\}$ 　カ　$22.4\{(c/12)+(h/4)\}$

キ　「生成CO_2量」　　ケ　「生成H_2O量」　　コ　「生成CO_2量」＋「生成H_2O量」

(2)〔ケースⅠ〕

流入するプロセス排気の温度が $t_{\mathrm{in}-1}=25℃$，流量が毎分 $500\,\mathrm{m^3_N}$（$V_{\mathrm{eff}-1}=500\,\mathrm{m^3_N/min}$）であるとき，$t_{\mathrm{out}-1}=700℃$ まで昇温するために必要な燃料油の燃焼量 $W_{\mathrm{f}-1}$〔$\mathrm{kg/min}$〕を計算する。

昇温設備に「毎分に流入する熱量」は，流入するプロセス排気，燃料油及び燃焼用空気が基準温度であることを考慮すれば，次式で表される。

「毎分に流入する熱量」＝$\boxed{6}$ ……………………………………… ①

「毎分に流出する昇温されたガスが保有する熱量」は，便宜的に，｛「昇温されたガス中のプロセス排気が保有する熱量」＋「昇温されたガス中の燃焼ガスが保有する熱量」｝として計算することができる。

「昇温されたガス中のプロセス排気が保有する熱量」は次式で表される。

「昇温されたガス中のプロセス排気が保有する熱量」＝$\boxed{7}$ …………… ②

「昇温されたガス中の燃焼ガスが保有する熱量」については，次式で表される。

「昇温されたガス中の燃焼ガスが保有する熱量」＝□8□ ・・・・・・・・・・・・・・・・・・ ③

前述の式①，②及び③より，次の熱バランス式が導かれる。

□6□＝□7□＋□8□

この式の中で，W_{f-1} 以外のすべての値は既知であり，それらを代入することにより W_{f-1} の値を計算すると，次の値となる。

W_{f-1}＝□C□〔kg/min〕

＜□6□～□8□の解答群＞

ア $H_1 W_{f-1}$	イ $H_h W_{f-1}$	ウ $H_1 G W_{f-1}$
エ $H_h G W_{f-1}$	オ $V_{eff-1} c_{pm} t_{out-1}$	カ $V_{eff-1} c_{pm}(t_{out-1}-t_0)$
キ $V_{eff-1} W_{f-1} c_{pm} t_{out-1}$	ケ $V_{eff-1} W_{f-1} c_{pm}(t_{out-1}-t_0)$	コ $G c_{pm} t_{out-1}$
サ $G c_{pm}(t_{out-1}-t_0)$	ス $G W_{f-1} c_{pm} t_{out-1}$	
セ $G W_{f-1} c_{pm}(t_{out-1}-t_0)$		

(3)〔ケースⅡ〕

流入するプロセス排気の流量及び昇温の設定温度は〔ケースⅠ〕と同じ（V_{eff-2}＝V_{eff-1}＝500 m³_N/min，t_{out-2}＝t_{out-1}＝700℃）であるが，プロセス排気の流入温度が t_{in-2}＝300℃であるとした場合に，必要な燃料油の燃焼量 W_{f-2}〔kg/min〕を計算する。

〔ケースⅠ〕と同様の考え方で，毎分に流入・流出する熱の各項目を計上して熱バランス式を表し，これに数値を代入して計算すると，次の値となる。

W_{f-1}＝□D□〔kg/min〕

[演習問題 5.4]

次の各文章の□1□～□6□の中に入れるべき最も適切な式又は記述をそれぞれの＜解答群＞から選び，その記号を答えよ。なお，一つの解答群から同じ記号を2回以上使用してもよい。また，□A□～□L□に当てはまる数値を計算し，その結果を有効数字3桁で答えよ。

重油を噴霧燃焼バーナによって空気比 α_1＝1.3 で完全燃焼している燃焼炉がある。いま，重油の1kg当たり（1kg-fと表記する）に0.2kgの水を添加し，重油中に懸濁させることによって燃料噴霧の改善を図ったところ，空気比 α_2＝1.2 で完全燃焼す

ることができるようになった。重油に水を添加する前，及び，水を添加した後のそれぞれの場合について，燃焼ガス量及び燃焼排ガスの保有熱損失を計算する。なお，空気中の酸素の体積割合は 0.21 とし，残りはすべて窒素とする。

ただし，重油の成分組成は，炭素の質量割合が 86%（$c = 0.86\,\mathrm{kg/kg\text{-}f}$），水素の質量割合が 14%（$h = 0.14\,\mathrm{kg/kg\text{-}f}$）である。重油，添加水，燃焼用空気はすべて，基準温度の 25℃で供給され，燃焼用空気中の水蒸気は無視できる（乾燥空気とみなす）とする。また，文章中の「体積」とは，いずれも標準状態の下での体積（$\mathrm{m^3_N}$ と表記する）を意味するものとし，1 kmol の気体の体積は $22.4\,\mathrm{m^3_N}$ とする。

(1) 重油（水添加なし）を空気比 $\alpha_1 = 1.3$ で完全燃焼したとき（これを「事例 1」と呼ぶ）の燃焼ガス量を計算する。

1) 一般に，燃料を空気比 α で完全燃焼したときの燃焼ガス量（湿り燃焼ガス量）は，燃料が理論空気量で完全燃焼した場合の理論燃焼ガス量（理論湿り燃焼ガス量）に過剰空気量を加えたものと考えることができ，燃料 1 kg-f 当たりの燃焼ガス量 G〔$\mathrm{m^3_N/kg\text{-}f}$〕は，理論空気量を A_0〔$\mathrm{m^3_N/kg\text{-}f}$〕，理論燃焼ガス量を G_0〔$\mathrm{m^3_N/kg\text{-}f}$〕とすると，次の式①で表される。

$$G = \boxed{1} \quad\cdots\cdots\cdots\cdots\cdots\cdots\cdots\cdots\cdots\cdots\cdots\cdots\cdots ①$$

＜　1　の解答群＞

ア　$G_0 + \alpha A_0$　　　イ　$G_0 + (\alpha - 1) A_0$　　　ウ　$G_0 + (\alpha - 0.21) A_0$

2) 式①中の理論空気量 A_0 を具体的に計算する式を導く。燃料中の可燃成分が炭素（質量割合 c〔kg/kg-f〕）と水素（質量割合 h〔kg/kg-f〕）である場合，これらそれぞれの完全燃焼に必要な酸素の体積を求め，空気中の酸素（O_2）の体積割合が 0.21 であることから，A_0〔$\mathrm{m^3_N/kg\text{-}f}$〕は，次の式②で表される。

$$A_0 = \boxed{2} \quad\cdots\cdots\cdots\cdots\cdots\cdots\cdots\cdots\cdots\cdots\cdots\cdots\cdots ②$$

＜　2　の解答群＞

ア　$(0.21/22.4)\{(c/12) + (h/4)\}$　　　イ　$(22.4/0.21)\{(c/12) + (h/4)\}$

ウ　$(0.21/22.4)\{(c/12) + (h/2)\}$　　　エ　$(22.4/0.21)\{(c/12) + (h/2)\}$

3) 式①中の理論燃焼ガス量 G_0 を具体的に計算する式を導く。理論燃焼ガスは，理論空気から O_2 が消費されたもの（すなわち理論空気中の N_2），燃料中の炭素から生成された CO_2 及び燃料中の水素から生成された H_2O で構成される。したがって，G_0〔$\mathrm{m^3_N/kg\text{-}f}$〕は，次の式③で表される。

$$G_0 = \boxed{3} \quad\cdots\cdots\cdots\cdots\cdots\cdots\cdots\cdots\cdots\cdots\cdots\cdots\cdots ③$$

<___3___の解答群＞

ア　$0.21A_0 + 22.4\{(c/12) + (h/4)\}$　　イ　$(1 - 0.21)A_0 + 22.4\{(c/12) + (h/4)\}$

ウ　$0.21A_0 + 22.4\{(c/12) + (h/2)\}$　　エ　$(1 - 0.21)A_0 + 22.4\{(c/12) + (h/2)\}$

4）与えられた重油について，その成分組成の値を代入して理論空気量 A_0 及び理論燃焼ガス量 G_0 を数値計算すると，$A_0 = $ ___A___ 〔m^3_N/kg-f〕，$G_0 = $ ___B___ 〔m^3_N/kg-f〕となる。したがって，重油を空気比 $\alpha_1 = 1.3$ で完全燃焼した場合（「事例1」）の燃焼ガス量 G_1 を数値計算すると，$G_1 = $ ___C___ 〔m^3_N/kg-f〕となる。

(2) 重油 1 kg-f 当たりに 0.2 kg の水を添加したものを空気比 $\alpha_2 = 1.2$ で完全燃焼したとき（これを「事例2」と呼ぶ）の燃焼ガス量を計算する。

1）この場合の燃焼ガスの構成としては，重油（水添加なし）を空気比 $\alpha_2 = 1.2$ で完全燃焼したときの燃焼ガス及び添加した水から生成された水蒸気が混合したものと考えることができる。重油（水添加なし）を空気比 $\alpha_2 = 1.2$ で完全燃焼したときの燃焼ガス量 $G_{2,\,oil}$〔m^3_N/kg-f〕は，「事例1」の場合とは過剰空気量が異なるだけであり，数値計算すると，$G_{2,\,oil} = $ ___D___ 〔m^3_N/kg-f〕となる。

2）添加した水から生成された水蒸気について，水蒸気 1 kmol の質量は 18 kg，体積は 22.4 m^3_N として，重油 1 kg-f 当たりに添加した水から生成される水蒸気の体積 $V_{H2O,\,ad}$ を数値計算すると，$V_{H2O,\,ad} = $ ___E___ 〔m^3_N/kg-f〕となる。したがって，「事例2」の場合の燃焼ガス量 G_2 を数値計算すると，$G_2 = $ ___F___ 〔m^3_N/kg-f〕となる。

(3) 「事例1」及び「事例2」のそれぞれの場合について，燃料の燃焼熱量として重油の低発熱量を基準とし，それに対する燃焼排ガスが保有する熱量の割合を計算する。

　　ただし，重油の低発熱量は $H_l = 43$ MJ/kg-f とし，「事例1」，「事例2」のいずれの場合も，燃焼排ガスの温度は $t_{ex} = 300$℃ であり，燃焼排ガスの平均定圧比熱は $c_{pm} = 1.4$ kJ/(m^3_N·K) で一定とする。基準温度は $t_0 = 25$℃ とする。基準温度における水の蒸発潜熱は 2.44 MJ/kg とする。

1）重油 1 kg-f 当たりに燃焼排ガスが保有する顕熱 $H_{ex,\,sen}$〔MJ/kg-f〕を数値計算すると，「事例1」の場合には，$H_{ex,\,sen1} = $ ___G___ 〔MJ/kg-f〕となり，「事例2」の場合には，$H_{ex,\,sen2} = $ ___H___ 〔MJ/kg-f〕となる。

2）次に，燃焼排ガスが保有する潜熱（すなわち燃焼排ガス中の水蒸気が保有する潜熱）について考える。「事例1」の場合は，燃焼排ガス中の水蒸気は重油中の水

素から生成されたものであり，その保有熱として蒸発潜熱を　4　。「事例2」の場合には，燃焼排ガス中の水蒸気には重油中の水素から生成されたものと添加水から生成されたものがあるが，その保有熱として，重油中の水素から生成された水蒸気の蒸発潜熱は　5　。添加水から生成された水蒸気の蒸発潜熱は　6　。

　以上から，重油1kg-f当たりに燃焼排ガスが保有する潜熱 $H_{ex,\,eva}$〔MJ/kg-f〕を計算する。「事例1」の場合に燃焼排ガスが保有する潜熱は $H_{ex,\,eva1}=$　I　〔MJ/kg-f〕であり，「事例2」の場合には燃焼排ガスが保有する潜熱は $H_{ex,\,eva2}=$　J　〔MJ/kg-f〕となる。

＜　4　～　6　の解答群＞

ア　計上する　　　イ　計上しない

3）以上の計算結果から，重油の低発熱量 H_l〔MJ/kg-f〕に対する燃焼排ガスの保有熱 $H_{ex}(=H_{ex,\,sen}+H_{ex,\,eva})$〔MJ/kg-f〕の割合については，「事例1」の場合は $H_{ex1}/H_l=$　K　となり，「事例2」の場合には $H_{ex2}/H_l=$　L　となる。

2編の演習問題解答

［演習問題 1.1］

【解　答】

C_4H_{10} の分子量は $12 \times 4 + 1 \times 10 = 58$, C_3H_8 の分子量は $12 \times 3 + 1 \times 8 = 44$ である。LP ガス 1 kg の体積を v〔m^3_N〕とすると，

$$(0.6\,v/22.4) \times 58 + (0.4\,v/22.4) \times 44 = 1 \ \text{より,}$$

$$v = 0.427 \ m^3_N$$

したがって，例題 1.3 の燃焼反応方程式を参照して，必要酸素量は

$$0.427 \times 0.6 \times 6.5 + 0.427 \times 0.4 \times 5 = 2.52 \ m^3_N/kg_{-f}$$

生成 CO_2 は，

$$0.427 \times 0.6 \times 4 + 0.427 \times 0.4 \times 3 = 1.54 \ m^3_N/kg_{-f}$$

生成 H_2O は，

$$0.427 \times 0.6 \times 5 + 0.427 \times 0.4 \times 4 = 1.96 \ m^3_N/kg_{-f}$$

【別　解】

この LP ガスのみかけの分子量は $0.6 \times 58 + 0.4 \times 44 = 52.4$。したがって，LP ガス中の炭素と水素の質量割合は，

$$c = \{12 \times (0.6 \times 4 + 0.4 \times 3)\}/52.4 = 0.824$$

$$h = \{1 \times (0.6 \times 10 + 0.4 \times 8)\}/52.4 = 0.176$$

したがって，表 1.2 の Ⅰ, Ⅲ より，必要酸素量は，

$$(c/12) \times 22.4 + (h/4) \times 22.4$$
$$= \{(0.824/12) + (0.176/4)\} \times 22.4 = 2.52 \ m^3_N/kg_{-f}$$

生成 CO_2 は，

$$(c/12) \times 22.4 = (0.824/12) \times 22.4 = 1.54 \ m^3_N/kg_{-f}$$

生成 H_2O は，

$$(h/2) \times 22.4 = (0.176/2) \times 22.4 = 1.97 \ m^3_N/kg_{-f}$$

[演習問題 2.1]

【解　答】

$$A_0 = (1/0.30)\{(1/2)\times 0.30 + (1/2)\times 0.10\} = 0.667 \ \mathrm{m^3_N/m^3_{N-f}}$$

[演習問題 3.1]

<考え方>

(イ)　SO_2 の生成量〔$\mathrm{m^3_N/kg_{-f}}$〕，燃焼ガス量 G〔$\mathrm{m^3_N/kg_{-f}}$〕を計算して，その比を求めればよい。

(ロ)　ppm (parts per million の略) は濃度の単位で，100万分の1 (10^{-6}) である。

(ハ)　燃料成分組成から A_0 を計算し，与えられた空気量 A より $(A/A_0) = \alpha$ として空気比を求め，燃料成分組成と α，A_0 から G が計算できる。

(ニ)　あるいは，燃焼前後の体積変化に着目することによっても G は計算できる。この場合には，途中で α，A_0 を計算しなくても，与えられた空気量 A と燃料成分組成から直接に G が求められる。

【解　答】

SO_2 の生成量は，

$$22.4\times (s/32) = 22.4\times (0.025/32) = 0.0175 \ \mathrm{m^3_N/kg_{-f}}$$

この重油の理論空気量は式 (2.2) より，

$$A_0 = (22.4/0.21)\{(c/12)+(h/4)+(s/32)\}$$

$$= (22.4/0.21)\{(0.840/12)+(0.125/4)+(0.025/32)\} = 10.9 \ \mathrm{m^3_N/kg_{-f}}$$

であるから，この場合の空気比は，

$$\alpha = A/A_0 = 15/10.9 = 1.38$$

燃焼ガス量は式 (3.2) より，

$$G = (\alpha - 0.21)A_0 + 22.4\{(c/12)+(h/2)+(s/32)+(n/28)\}$$

$$= (1.38-0.21)\times 10.9 + 22.4\{(0.840/12)+(0.125/2)+(0.025/32)$$

$$+ (0.01/28)\}$$

$$= 15.7 \ \mathrm{m^3_N/kg_{-f}}$$

したがって，燃焼排ガス中の SO_2 の濃度は，

$$(0.0175/15.7)\times 10^6 = 1\,110 \ \mathrm{ppm}$$

【別　解】

SO$_2$ 生成量の計算は上記解答と同じ。

燃焼ガス量は式 (3.4) より，

$$G = A + 22.4\{(h/4) + (n/28)\}$$
$$= 15 + 22.4\{(0.125/4) + (0.01/28)\} = 15.7 \ \mathrm{m^3_N/kg_{-f}}$$

となる。以下は上記解答と同じ。

[演習問題 3.2]

<考え方>

(イ)　空気比 0.9 で燃焼し，すすや CO などの未燃物が生成しているから，前述の燃焼ガス量の計算式をそのまま使うことはできない。

(ロ)　燃料中の炭素 c〔kg/kg$_{-f}$〕のうち $G' \times (2/1\,000)$〔kg/kg$_{-f}$〕がすすになり，残りの炭素（c'〔kg/kg$_{-f}$〕と表す）が燃焼して CO$_2$ と CO になっている。したがって，$c = c' + G' \times (2/1\,000)$　という関係がある。

(ハ)　題意より，乾き排ガスの成分は CO$_2$, CO, N$_2$ だけであり，排ガス中の N$_2$ 量は A_0（燃料組成が与えられているから計算できる）と空気比から計算でき，CO$_2$ + CO の量は c' を使って表現される。これらの排ガス成分の総和が G' である。

(ニ)　(ロ)，(ハ)から，c' と G' の 2 つ未知数を含む 2 つの関係式が導かれるから，連立方程式の解として 2 つの未知数が求められる。

(ホ)　題意より，水素は完全燃焼していると考えられ，水蒸気生成量は燃料成分から計算できる。それに (ニ) で求められた G' を加えれば G が計算される。

【解　答】

燃料中の炭素のうち，CO$_2$ および CO になった炭素を c'〔kg/kg$_{-f}$〕とすると，炭素バランスより，

$$c = 0.88 = c' + G' \times (2/1\,000) \qquad\qquad (\mathrm{a})$$

となる。重油の理論空気量は式 (2.2) より，

$$A_0 = (22.4/0.21)\{(c/12) + (h/4)\}$$
$$= (22.4/0.21)\{(0.88/12) + (0.12/4)\} = 11.0 \ \mathrm{m^3_N/kg_{-f}}$$

投入空気量は，

$$A = \alpha A_0 = 0.9 \times 11.0 = 9.90 \ \mathrm{m^3_N/kg_{-f}}$$

であるから，排ガス中の N$_2$ 量は，

$$(1-0.21)A = 0.79 \times 9.90 = 7.82 \ \mathrm{m^3_N/kg_{-f}}$$

1 kg の炭素が完全燃焼して生成される CO_2 は $22.4 \times (1/12) \ \mathrm{m^3_N/kg_{-f}}$ であり，1 kg の炭素が不完全燃焼した場合の CO の生成量も $22.4 \times (1/12) \ \mathrm{m^3_N/kg_{-f}}$ である（表 1.2 の燃焼反応方程式を参照）。したがって，CO_2，CO それぞれの量は不明であるが，c'〔kg/kg_{-f}〕の炭素から生成される CO_2 と CO の合計量は $22.4 \times (c'/12)$〔$\mathrm{m^3_N/kg_{-f}}$〕である。乾き排ガス成分は N_2，CO_2，CO だけであるから，乾き燃焼ガス量はこれらの総和であり，

$$G' = 7.82 + 22.4 \times (c'/12) \tag{b}$$

(a)，(b) 両式より，

$$G' = 9.43 \ \mathrm{m^3_N/kg_{-f}}$$

したがって，湿り燃焼ガス量は，

$$G = G' + 22.4 \times (h/2)$$
$$= 9.43 + 22.4 \times (0.12/2) = 10.77 \ \mathrm{m^3_N/kg_{-f}}$$

[演習問題 4.1]

【解　答】

甲，乙の重油をそれぞれ添字 1，2 で表すことにする。

甲，乙両重油の理論空気量は，式(2.2)より，

$$A_{01} = (22.4/0.21)\{(c/12)+(h/4)+(s/32)\}$$
$$= (22.4/0.21)\{(0.840/12)+(0.120/4)+(0.040/32)\} = 10.8 \ \mathrm{m^3_N/kg_{-f}}$$
$$A_{02} = (22.4/0.21)\{(0.870/12)+(0.120/4)+(0.010/32)\} = 11.0 \ \mathrm{m^3_N/kg_{-f}}$$

また，それぞれの重油の乾き燃焼ガス量は，式(3.9)より，

$$G_1' = (a-0.21)A_{01}+22.4\{(c/12)+(s/32)\}$$
$$= (1.1-0.21)\times10.8+22.4\{(0.840/12)+(0.040/32)\} = 11.2 \ \mathrm{m^3_N/kg_{-f}}$$
$$G_2' = (1.1-0.21)\times11.0+22.4\{(0.870/12)+(0.010/32)\} = 11.4 \ \mathrm{m^3_N/kg_{-f}}$$

混合油中の甲重油の質量割合を w とすると，乾き燃焼排ガス中の SO_2 濃度（ppm）は，

$$(SO_2) = \frac{22.4\{w(s_1/32)+(1-w)(s_2/32)\}}{wG_1'+(1-w)G_2'}\times10^6$$

と表される。したがって，

$$1\,800 = \frac{22.4\{(0.040/32)w+(0.010/32)(1-w)\}}{11.2w+11.4(1-w)}\times10^6$$

これを解けば，

$$w = 0.633$$

が得られ，甲重油を 63.3 ％，乙重油を 36.7 ％とすればよい。

［演習問題 4.2］

＜考え方＞

(イ) 再燃焼室出口における燃焼ガス組成は，重油を全空気量で完全燃焼した場合の
燃焼ガス組成と同等であるから，その場合の空気比を α_a とし，加熱室における
空気比を α_1 （＝0.9）とすれば，全空気量に対する再燃焼空気量の割合は，$(\alpha_a -
\alpha_1)/\alpha_a$ となる。したがって，α_a がわかれば解答できる。

(ロ) 燃料成分組成と (O_2) が与えられているから，

$(\alpha) \Leftarrow \{(fuel), (gas)\}$ にて α_a は計算できる。

【解　答】

重油が全空気量で完全燃焼した場合の空気比を α_a とすると，

$$(O_2) = \frac{0.21(\alpha_a-1)A_0}{G'} = \frac{0.21(\alpha_a-1)A_0}{(\alpha_a-0.21)A_0+22.4(c/12)}$$

ここに，$(O_2)=0.05$ であり，A_0 は式 (2.2) より，

$$A_0 = (22.4/0.21)\{(c/12)+(h/4)\}$$
$$= (22.4/0.21)\{(0.87/12)+(0.13/4)\}=11.2 \ \mathrm{m^3_N/kg_{-f}}$$

したがって，

$$0.05 = \frac{0.21(\alpha_a-1)\times11.2}{(\alpha_a-0.21)\times11.2+22.4(0.87/12)}$$

これを解くと，

$$\alpha_a = 1.29$$

となるから，全空気量に対する再燃焼空気量の割合は，

$$(\alpha_a-\alpha_1)/\alpha_a$$
$$= (1.29-0.9)/1.29 = 0.302$$

30.2 ％である。

[演習問題 4.3]

<考え方>

(イ) $(gas) \Leftarrow \{(fuel), (\alpha)\}$ であるから，通常空気燃焼時の (O_2) は，ただちに計算できる。

(ロ) 酸素富化空気の投入量を A_2 とすると，

(過剰酸素量)＝(投入空気中の酸素量)－(理論酸素量)

(乾き燃焼ガス量)＝(投入空気量)－(理論酸素量)＋(CO_2生成量)

であり，(理論酸素量)，(CO_2生成量)は，いずれも燃料に固有の値であるから，(過剰酸素量)および(乾き燃焼ガス量)は A_2 だけを未知数として表すことができる。(イ)で求めた (O_2) は不変であるから，

(O_2)＝(過剰酸素量)/(乾き燃焼ガス量)

は，A_2 についての方程式となり，その解として A_2 が求められ，乾き燃焼ガス量が計算できる。

(ハ) 通常空気，酸素富化空気いずれの場合も，生成する水蒸気量は同じだから，燃焼ガス量の変化は乾き燃焼ガス量の変化に等しい。

(ニ) 酸素富化空気燃焼の場合の空気比（(投入した酸素富化空気量)/(完全燃焼にちょうど必要な酸素富化空気量)）を α_2 とし，$(\alpha) \Leftarrow \{(fuel), (gas)\}$ より α_2 を求め，酸素富化空気燃焼時の燃焼ガス量を計算することもできる。

【解　答】

C_3H_8，C_4H_{10} の分子量は，それぞれ，$12 \times 3 + 1 \times 8 = 44$，$12 \times 4 + 1 \times 10 = 58$ だから，LP ガス 1 m^3_N の質量は，

$$(0.80/22.4) \times 44 + (0.20/22.4) \times 58 = 2.09 \text{ kg/m}^3_N$$

であり，LP ガス 1 kg 中の C_3H_8，C_4H_{10} の体積は，それぞれ，$0.80/2.09$，$0.20/2.09 \text{ m}^3_N$ となる。したがって，LP ガス 1 kg 当たりの理論酸素量は，

$$O_0 = \{3+(8/4)\} \times (0.80/2.09) + \{4+(10/4)\} \times (0.20/2.09) = 2.54 \text{ m}^3_N/\text{kg}_{-f}$$

となるから，通常空気燃焼時の理論空気量は，

$$A_0 = O_0/0.21 = 12.1 \text{ m}^3_N/\text{kg}_{-f}$$

通常空気燃焼時の乾き燃焼ガス量は，

$$G_1' = (\alpha - 0.21)A_0 + 3 \times (0.80/2.09) + 4 \times (0.20/2.09)$$
$$= (1.2 - 0.21) \times 12.1 + 3 \times (0.80/2.09) + 4 \times (0.20/2.09)$$
$$= 13.5 \text{ m}^3_N/\text{kg}_{-f}$$

したがって，乾き燃焼排ガス中の酸素濃度は，

$$(O_2) = 0.21(\alpha-1)A_0/G_1'$$
$$= 0.21(1.2-1)\times 12.1/13.5 = 0.037\ 6$$

酸素富化空気の投入量を A_2〔m^3_N/kg_{-f}〕とすると，酸素富化空気燃焼時の過剰酸素量は，

$$(投入酸素量)-(理論酸素量) = 0.23A_2 - O_0$$
$$= 0.23A_2 - 2.54\ \ 〔m^3_N/kg_{-f}〕$$

酸素富化空気燃焼時の乾き燃焼排ガス量は，(投入空気量)−(理論酸素量)+(CO_2生成量) より，

$$G_2' = A_2 - 2.54 + 3\times(0.80/2.09) + 4\times(0.20/2.09)$$
$$= A_2 - 1.01\ \ 〔m^3_N/kg_{-f}〕$$

となる。酸素富化空気燃焼時にも，$(O_2) = 0.037\ 6$ であるから，

$$0.037\ 6 = (0.23A_2 - 2.54)/(A_2 - 1.01)$$

これを解けば，

$$A_2 = 13.0\ \ m^3_N/kg_{-f}$$

が得られ，G_2' は，

$$G_2' = 13.0 - 1.01 = 12.0\ \ m^3_N/kg_{-f}$$

燃焼排ガス量の変化は，乾き燃焼ガス量の変化に等しいから，燃焼排ガス量の減少は，

$$G_1' - G_2' = 13.5 - 12.0 = 1.5\ \ m^3_N/kg_{-f}$$

【別　解】

LP ガス 1 m^3_N 中の炭素，水素の質量は，それぞれ，

$$(0.80/22.4)\times(12\times 3) + (0.20/22.4)\times(12\times 4) = 1.714\ \ kg$$
$$(0.80/22.4)\times(1\times 8) + (0.20/22.4)\times(1\times 10) = 0.375\ \ kg$$

であるから，LP ガス中の炭素，水素の質量割合は，

$$c = 1.714/(1.714+0.375) = 0.820\ \ kg/kg_{-f}$$
$$h = 0.375/(1.714+0.375) = 0.180\ \ kg/kg_{-f}$$

となる。したがって，通常空気燃焼時の理論空気量，乾き燃焼ガス量，乾き排ガス中の酸素濃度は，

$$A_0 = (22.4/0.21)\{(c/12)+(h/4)\}$$
$$= (22.4/0.21)\{(0.820/12)+(0.180/4)\} = 12.1\ \ m^3_N/kg_{-f}$$
$$G_1' = \alpha A_0 - 5.6\ h$$

$$= 1.2 \times 12.1 - 5.6 \times 0.180 = 13.5 \ \mathrm{m^3_N/kg_{-f}}$$

$$(O_2) = 0.21(\alpha - 1)A_0/G_1'$$

$$= 0.21(1.2 - 1) \times 12.1/13.5 = 0.037\,6$$

酸素富化空気を使用した場合の理論空気量を A_{02}，空気比を α_2，乾き燃焼ガス量を G_2' とすれば，

$$A_{02} = (22.4/0.23)\{(c/12) + (h/4)\}$$

$$= (22.4/0.23)\{(0.820/12) + (0.180/4)\} = 11.0 \ \mathrm{m^3_N/kg_{-f}}$$

$$G_2' = \alpha_2 A_{02} - 5.6h$$

$$= 11.0\alpha_2 - 5.6 \times 0.180$$

$$= 11.0\alpha_2 - 1.01$$

$(O_2) = 0.037\,6$ より，

$$0.037\,6 = \{0.23(\alpha_2 - 1)A_{02}\}/G_2'$$

$$= \{0.23(\alpha_2 - 1) \times 11.0\}/(11.0\,\alpha_2 - 1.01)$$

これを解くと，

$$\alpha_2 = 1.18$$

となり，G_2' は，

$$G_2' = 11.0 \times 1.18 - 1.01 = 12.0 \ \mathrm{m^3_N/kg_{-f}}$$

したがって，燃焼排ガス量の減少は，

$$G_1' - G_2' = 13.5 - 12.0 = 1.5 \ \mathrm{m^3_N/kg_{-f}}$$

［演習問題 4.4］

【解　答】

1）1：ウ　2　2：イ　1　　3：ウ　2　4：ウ　2　5：イ　1　6：ウ　2

2）7：ア　0.21

A：9.52

$$A_0 = O_0 / 0.21 = 2/0.21 = 9.524 = 9.52 \ \mathrm{m^3_N/m^3_{N-f}}$$

8：ケ　理論酸素量　　9：エ　CO_2 生成量

B：10.9

$$G' = \alpha A_0 - O_0 + V_{CO_2} = 1.25(2/0.21) - 2 + 1 = 10.90 = 10.9 \ \mathrm{m^3_N/m^3_{N-f}}$$

3）10：イ　$(\alpha - 1)O_0$

C：4.59×10^{-2}

$$(O_2) = (\alpha - 1)\, O_0 \big/ G' = (1.25 - 1) \times 2 \big/ 10.90 = 0.04587 = 4.59 \times 10^{-2}$$

4) D：9.81×10^{-4}

$$V_{NO} = 90 \times 10^{-6} \times 10.90 = 9.810 \times 10^{-4} = 9.81 \times 10^{-4}\ \mathrm{m^3_N/m^3_{N-f}}$$

5) E：8.52

$$G_0' = A_0 - O_0 + V_{CO_2} = (2/0.21) - 2 + 1 = 8.524 = 8.52\ \mathrm{m^3_N/m^3_{N-f}}$$

F：1.15×10^{-4}

$$(NO)_{\alpha=1} = 9.810 \times 10^{-4}\,\mathrm{m^3_N/m^3_{N-f}} \big/ 8.524\ \mathrm{m^3_N/m^3_{N-f}} = 1.151 \times 10^{-4} = 1.15 \times 10^{-4}$$

G：115

6) 11：カ　$\{(O_2)/0.21\}\,G'$　　12：カ　$\{(O_2)/0.21\}\,G'$

13：ア　$0.21 \big/ \{0.21 - (O_2)\}$

注）　燃焼設備から排出される大気汚染物質として，一酸化窒素（NO）やばいじんなどがあり，それぞれについて排出基準濃度が定められている。燃料の単位量当たりに排出される大気汚染物質の排出量が同じであっても，燃焼設備の運転空気比が変化すると，排出濃度はそれに応じて違った値になってしまう（例えば，運転空気比が大きくなると燃焼排ガス量が増大するために，希釈効果によって大気汚染物質の排出濃度は低くなる）。そのため，運転空気比の大小に関する指標として，燃焼排ガス中の酸素濃度を規定して排出基準濃度を定めている。この酸素濃度を「標準酸素濃度」と呼び，燃焼設備運転時の燃焼排ガス中酸素濃度と「標準酸素濃度」を用い，大気汚染物質の実際の排出濃度を「標準酸素濃度補正」した数値を算出して評価することにしている。この演習問題中の式⑦および式⑧が「標準酸素濃度補正」の計算式の根拠となっている。

［演習問題 5.1］

【解　答】

(1)

$$C_3H_8 + 5\,O_2 = 3\,CO_2 + 4\,H_2O$$

より，理論空気量は，

$$A_0 = (1/0.21) \times 5 = 23.8\ \mathrm{m^3_N/m^3_{N-f}}$$

理論燃焼ガス量は，式 (3.6) より，

$$G_0 = (1 - 0.21)\,A_0 + 3 + 4 = 0.79 \times 23.8 + 7 = 25.8\ \mathrm{m^3_N/m^3_{N-f}}$$

水蒸気 $1\ \mathrm{m^3_N}$ の凝縮潜熱は，

$$2.44 \times (18/22.4) = 1.96\ \mathrm{MJ/m^3_N}$$

であるから，プロパンの低発熱量は，

$H_1 = 101.2 - 1.96 \times 4 = 93.4 \text{ MJ/m}^3_{\text{N-f}}$

過剰空気量をA_e，理論燃焼ガスおよび空気の比熱をそれぞれc_{p0}，c_{pa}とし，燃焼ガス温度をT_g，基準温度をT_0とすると，燃焼前後の熱バランス式は，

$$T_g - T_0 = \frac{H_1}{G_0 c_{p0} + A_e c_{pa}}$$

$$1\,000 - 25 = \frac{93.4 \times 10^3}{25.8 \times 1.47 + A_e \times 1.34}$$

これより，$A_e = 43.2 \text{ m}^3_\text{N}/\text{m}^3_{\text{N-f}}$ が得られるので，プロパンの所要量Wは，

$$W = 1\,000/(G_0 + A_e) = 1\,000/(25.8 + 43.2) = 14.5 \text{ m}^3_\text{N}/\text{h} = 28.5 \text{ kg/h}$$

(2)

予熱空気使用時の熱バランス式は，

$$T_g - T_0 = \frac{H_1 + A' c_{pa}(T_a - T_0)}{G_0 c_{p0} + A_e' c_{pa}}$$

ここに，A'，A_e'はそれぞれ予熱空気使用時の空気量，過剰空気量であり，T_aは予熱空気温度である。

$$A' = A_0 + A_e' = 23.8 + A_e' \text{ m}^3_\text{N}/\text{m}^3_{\text{N-f}}$$

であるから，

$$1\,000 - 25 = \frac{93.4 \times 10^3 + (23.8 + A_e') \times 1.34 \times (150 - 25)}{25.8 \times 1.47 + A_e' \times 1.34}$$

これより，

$$A_e' = 53.0 \text{ m}^3_\text{N}/\text{m}^3_{\text{N-f}}$$

が得られるから，予熱空気使用時のプロパンの所要量は，

$$W' = 1\,000/(25.8 + 53.0) = 12.7 \text{ m}^3_\text{N}/\text{h}$$

したがって，プロパンの所要量の変化は，

$$(W' - W)/W = (12.7 - 14.5)/14.5 = -0.124$$

であり，12.4%減少する。

［演習問題 5.2］

【解　答】

重油の理論空気量A_0，および，空気比1.3で完全燃焼したときの燃焼ガス量Gは，

$$A_0 = (22.4/0.21)\{(c/12) + (h/4)\}$$
$$= (22.4/0.21)\{(0.87/12) + (0.13/4)\} = 11.2 \text{ m}^3_\text{N}/\text{kg}_{\text{-f}}$$

$$G = (\alpha - 0.21) A_0 + 22.4\{(c/12) + (h/2)\}$$
$$= (1.3 - 0.21) \times 11.2 + 22.4\{(0.87/12) + (0.13/2)\} = 15.3 \ \mathrm{m^3_N/kg_{-f}}$$

(1)

基準温度を T_0，燃焼ガス温度を T_g とすると，熱バランスより

$$T_g = \frac{H_1}{G c_{pm}} + T_0 = \frac{41.0 \times 10^3}{15.3 \times 1.6} + 20 = 1.69 \times 10^3 \ {}^\circ\mathrm{C}$$

(2)

排ガス温度を T_r，排ガス再循環時の燃焼ガス温度を T_{gr} とすると，再循環ガス量は $0.15 \alpha A_0$ だから，題意より，

$$T_{gr} = \frac{H_1 + 0.15 \alpha A_0 c_{pm}(T_r - T_0)}{(G + 0.15 \alpha A_0) c_{pm}} + T_0$$

$$= \frac{41.0 \times 10^3 + 0.15 \times 1.3 \times 11.2 \times 1.6 \times (150 - 20)}{(15.3 + 0.15 \times 1.3 \times 11.2) \times 1.6} + 20 = 1.50 \times 10^3 \ {}^\circ\mathrm{C}$$

したがって，燃焼ガス温度の低下は，

$$T_g - T_{gr} = 1.69 \times 10^3 - 1.50 \times 10^3 = 190 \ {}^\circ\mathrm{C}$$

［演習問題 5.3］

【解　答】

(1) 1）1：エ　$(22.4/0.21)$　　2：カ　$\{(c/12) + (h/4)\}$

（1，2 の解答は順不同）

A：11.2

$$A_0 = (22.4/0.21)\{(0.87/12) + (0.13/4)\} = 11.20 \ \mathrm{m^3_N/kg_{-f}}$$

2）3：コ　「生成 CO_2 量」＋「生成 H_2O 量」　4：イ　$(\alpha - 0.21) A_0$

5：オ　$22.4\{(c/12) + (h/2)\}$　（4，5 の解答は順不同）

B：14.2

$$G = (\alpha - 0.21) A_0 + 22.4\{(c/12) + (h/2)\}$$
$$= (1.2 - 0.21) 11.20 + 22.4\{(0.87/12) + (0.13/2)\} = 14.17 \ \mathrm{m^3_N/kg_{-f}}$$

(2) 6：ア　$H_1 W_{f-1}$　7：カ　$V_{eff-1} c_{pm}(t_{out-1} - t_0)$　8：セ　$G W_{f-1} c_{pm}(t_{out-1} - t_0)$

C：16.3

$$W_{f-1} = V_{eff-1} c_{pm}(t_{out-1} - t_0) / \{H_1 - G c_{pm}(t_{out-1} - t_0)\}$$
$$= 500 \times 1.41 \times (700 - 25) / \{42.7 \times 10^3 - 14.17 \times 1.41 \times (700 - 25)\} = 16.29 \ \mathrm{kg/min}$$

(3)　D：9.65

$$H_1 W_{f-2} + V_{eff-2} c_{pm} (t_{in-2} - t_0) = V_{eff-2} c_{pm} (t_{out-2} - t_0) + G W_{f-2} c_{pm} (t_{out-2} - t_0)$$

$$W_{f-2} = V_{eff-2} c_{pm} (t_{out-2} - t_{in-2}) / \{H_1 - G c_{pm} (t_{out-2} - t_0)\}$$

$$= 500 \times 1.41 \times (700 - 300) / \{42.7 \times 10^3 - 14.17 \times 1.41 \times (700 - 25)\} = 9.653 \text{ kg/min}$$

[演習問題 5.4]

【解　答】

(1)　1）1：イ　　$G_0 + (\alpha - 1) A_0$　　　2）2：イ　　$(22.4/0.21) \{(c/12) + (h/4)\}$

　　　3）3：エ　　$(1 - 0.21) A_0 + 22.4 \{(c/12) + (h/2)\}$

　　　4）A：11.4

$$A_0 = (22.4/0.21) \{(c/12) + (h/4)\}$$

$$= (22.4/0.21) \{(0.86/12) + (0.14/4)\} = 11.38 = 11.4 \text{ m}^3_{\text{N}}/\text{kg-f}$$

　　　　B：12.2

$$G_0 = (1 - 0.21) V_{A0} + 22.4 \{(c/12) + (h/2)\}$$

$$= (1 - 0.21) \times 11.38 + 22.4 \{(0.86/12) + (0.14/2)\} = 12.16 = 12.2 \text{ m}^3_{\text{N}}/\text{kg-f}$$

　　　　C：15.6

$$G_1 = G_0 + (\alpha_1 - 1) A_0$$

$$= 12.16 + (1.3 - 1) \times 11.38 = 15.57 = 15.6 \text{ m}^3_{\text{N}}/\text{kg-f}$$

(2)　1）D：14.4

$$G_{2, \text{oil}} = G_0 + (\alpha_2 - 1) A_0$$

$$= 12.16 + (1.2 - 1) \times 11.38 = 14.44 = 14.4 \text{ m}^3_{\text{N}}/\text{kg-f}$$

　　　2）E：0.249

$$V_{\text{H2O, ad}} = \{(0.2 \text{ kg/kg-f}) / (18 \text{ kg/kmol})\} \times (22.4 \text{ m}^3_{\text{N}}/\text{kmol})$$

$$= 0.2489 = 0.249 \text{ m}^3_{\text{N}}/\text{kg-f}$$

　　　　F：14.7

$$G_2 = G_{2, \text{oil}} + V_{\text{H2O, ad}} = 14.44 + 0.2489 = 14.69 = 14.7 \text{ m}^3_{\text{N}}/\text{kg-f}$$

(3)　1）G：5.99

$$H_{\text{ex, sen1}} = G_1 c_{pm} (t_{\text{ex}} - t_0) = 15.57 \times 1.4 \times (300 - 25)$$

$$= 5\,994 \text{ kJ/kg-f} = 5.99 \text{ MJ/kg-f}$$

　　　　H：5.66

$$H_{\text{ex, sen2}} = G_2 c_{p\text{m}}(t_{\text{ex}} - t_0) = 14.69 \times 1.4 \times (300 - 25)$$

$$= 5\,656 \text{ kJ/kg-f} = 5.66 \text{ MJ/kg-f}$$

2）4：イ　計上しない　　　5：イ　計上しない　　　6：ア　計上する

$\quad$ I：0

$\qquad H_{\text{ex, eva1}} = 0 \text{ MJ/kg-f}$

$\quad$ J：0.488

$\qquad H_{\text{ex, eva2}} = (0.2 \text{ kg/kg-f}) \times (2.44 \text{ MJ/kg}) = 0.488 \text{ MJ/kg-f}$

3）K：0.139

$\qquad H_{\text{ex1}}/H_l = (5.994 + 0)/43 = 0.1394 = 0.139$

$\quad$ L：0.143

$\qquad H_{\text{ex2}}/H_l = (5.656 + 0.488)/43 = 0.1429 = 0.143$

索　引

索　引

【著者紹介】

大屋正明（1編担当）
独立行政法人　産業技術総合研究所
特別研究員

山崎正和（2編担当）
独立行政法人　産業技術総合研究所
名誉リサーチャー　元理事

改訂 エネルギー管理士試験講座
［熱分野］III　燃料と燃焼
....
2020年 4 月27日　改訂第 1 版第 1 刷発行
2024年 5 月10日　改訂第 1 版第 5 刷発行

【編　者】一般財団法人省エネルギーセンター
【発行者】奥村和夫

【発行所】一般財団法人省エネルギーセンター
　　　　　東京都港区芝浦2-11-5 五十嵐ビルディング
　　　　　Telephone：03-5439-9775
　　　　　郵便番号：108-0023
　　　　　https://www.eccj.or.jp/book/
【印刷・製本】康印刷株式会社

©2024 Printed in Japan
ISBN4-87973-479-2 C2053
編集協力：聚珍社　装丁：坂東次郎

新 版

ガス燃焼の理論と実際

仲町 一郎 編著

本書の特徴

① 環境問題の対策——「燃料転換」他、の追加
② バーナの選定に便利なデータを掲載
③ 豊富な「実測データ」による解説

工場の第一線で燃焼に関わる方々、燃焼機器・設備メーカー、エネルギー管理者必携の書。

一般財団法人 **省エネルギーセンター**

〒108-0023　東京都港区芝浦2-11-5 五十嵐ビルディング
TEL.03-5439-9775　FAX.03-5439-9779　https://www.eccj.or.jp